牦牛

养殖实用技术手册

郭宪 裴杰 包鹏甲 主编

中国农业出版社

农村读物出版社

北　京

编写人员

主　编　郭　宪　中国农业科学院兰州畜牧与兽药研究所

　　　　　裴　杰　中国农业科学院兰州畜牧与兽药研究所

　　　　　包鹏甲　中国农业科学院兰州畜牧与兽药研究所

副主编　王自科　甘肃省畜牧技术推广总站

　　　　　李有全　广东海洋大学

　　　　　丁考仁青　甘肃省甘南藏族自治州畜牧工作站

　　　　　张玉波　中国农业科学院深圳农业基因组研究所

　　　　　宋仁德　青海省玉树藏族自治州动物疫病预防控制中心

　　　　　赵寿保　青海省牦牛繁育推广服务中心

　　　　　刘振恒　甘肃省甘南藏族自治州玛曲县草原工作站

　　　　　赵双全　甘肃省酒泉市肃北蒙古族自治县畜牧兽医技术服务中心

参　编　阎　萍　中国农业科学院兰州畜牧与兽药研究所

　　　　　熊　琳　中国农业科学院兰州畜牧与兽药研究所

　　　　　吴晓云　中国农业科学院兰州畜牧与兽药研究所

　　　　　梁春年　中国农业科学院兰州畜牧与兽药研究所

　　　　　喇永富　中国农业科学院兰州畜牧与兽药研究所

　　　　　王兴东　中国农业科学院兰州畜牧与兽药研究所

　　　　　郭韶珂　中国农业科学院兰州畜牧与兽药研究所

　　　　　褚　敏　中国农业科学院兰州畜牧与兽药研究所

　　　　　马晓明　中国农业科学院兰州畜牧与兽药研究所

　　　　　周绪正　中国农业科学院兰州畜牧与兽药研究所

　　　　　曹梦丽　中国农业科学院兰州畜牧与兽药研究所

　　　　　康彦东　中国农业科学院兰州畜牧与兽药研究所

　　　　　丁自强　中国农业科学院兰州畜牧与兽药研究所

　　　　　曾玉峰　中国农业科学院兰州畜牧与兽药研究所

程胜利　　　中国农业科学院兰州畜牧与兽药研究所

王　瑜　　　中国农业科学院兰州畜牧与兽药研究所

胡长敏　　　华中农业大学

徐琳娜　　　甘肃省畜牧技术推广总站

马忠涛　　　甘肃省甘南藏族自治州畜牧工作站

石红梅　　　甘肃省甘南藏族自治州畜牧工作站

文志平　　　甘肃省甘南藏族自治州畜牧工作站

李鹏霞　　　甘肃省甘南藏族自治州畜牧工作站

石少英　　　甘肃省甘南藏族自治州畜牧工作站

裴成芳　　　甘肃省武威市天祝藏族自治县畜牧技术推广站

李开辉　　　甘肃省武威市天祝藏族自治县畜牧技术推广站

何梅兰　　　甘肃省武威市天祝藏族自治县畜牧技术推广站

李建民　　　甘肃省甘南藏族自治州农业广播电视学校

李瑞武　　　甘肃省甘南藏族自治州夏河县畜牧工作站

拉毛杰布　　甘肃省甘南藏族自治州夏河县畜牧工作站

王杰峰　　　甘肃省甘南藏族自治州夏河县畜牧工作站

訾云南　　　甘肃省甘南藏族自治州夏河县畜牧工作站

杨小丽　　　甘肃省甘南藏族自治州合作市农牧业集体经济经营管理站

陈育忠　　　甘肃省甘南藏族自治州合作市农牧业集体经济经营管理站

党　智　　　甘肃省甘南藏族自治州合作市畜牧工作站

拉毛才旦　　甘肃省甘南藏族自治州合作市那吾镇畜牧兽医站

杨　振　　　甘肃省甘南藏族自治州合作市卡加道乡畜牧兽医站

沈钦森　　　甘肃省甘南藏族自治州合作市卡加道乡畜牧兽医站

万亚君　　　甘肃省甘南藏族自治州合作市卡加曼乡畜牧兽医站

范晓岚　　　甘肃省甘南藏族自治州玛曲县动物疫病预防控制中心

安海宏　　　甘肃省甘南藏族自治州玛曲县草原工作站

杨志财　　　甘肃省甘南藏族自治州玛曲县草原工作站

娜尔力玛　　甘肃省酒泉市肃北蒙古族自治县畜牧兽医技术服务中心

宝力德　　　甘肃省酒泉市肃北蒙古族自治县畜牧兽医技术服务中心

赵尔军　　　甘肃省酒泉市肃北蒙古族自治县畜牧兽医技术服务中心

于天军　　　甘肃省酒泉市肃北蒙古族自治县畜牧兽医技术服务中心

艾尼尔力图　甘肃省酒泉市肃北蒙古族自治县畜牧兽医技术服务中心

银　莲　　甘肃省酒泉市肃北蒙古族自治县畜牧兽医技术服务中心

陶格图巴特　甘肃省酒泉市肃北蒙古族自治县盐池湾乡农业农村综合服务中心

许春喜　　青海省畜禽遗传资源保护利用中心

景建武　　青海省牦牛繁育推广服务中心

李青云　　青海省牦牛繁育推广服务中心

武甫德　　青海省牦牛繁育推广服务中心

骆正杰　　青海省牦牛繁育推广服务中心

李吉叶　　青海省牦牛繁育推广服务中心

张国模　　青海省牦牛繁育推广服务中心

殷满财　　青海省牦牛繁育推广服务中心

李生福　　青海省牦牛繁育推广服务中心

乔元胜　　青海省牦牛繁育推广服务中心

贺洪明　　青海省牦牛繁育推广服务中心

周玉青　　青海省海北藏族自治州高原生态畜牧业科技示范园管委会

赵索南　　青海省海北藏族自治州高原生态畜牧业科技示范园管委会

杨　涛　　青海省海北藏族自治州高原生态畜牧业科技示范园管委会

王维英　　青海省海北藏族自治州高原生态畜牧业科技示范园管委会

孔祥颖　　青海省海北藏族自治州农牧综合服务中心

杨什布加　青海省海北藏族自治州农牧产品质量安全检验检测中心

赵庆章　　青海省海北藏族自治州门源回族自治县西滩乡畜牧兽医站

王维琴　　青海省海北藏族自治州门源回族自治县苏吉滩乡畜牧兽医站

巴桑旺堆　西藏自治区农牧科学院畜牧兽医研究所

朱彦宾　　西藏自治区农牧科学院畜牧兽医研究所

姜　辉　　西藏自治区农牧科学院畜牧兽医研究所

平措占堆　西藏自治区农牧科学院畜牧兽医研究所

宋维茹　　青海省玉树藏族自治州动物疫病预防控制中心

李春梅　　青海省玉树藏族自治州动物疫病预防控制中心

贺顺忠　　青海省玉树藏族自治州动物疫病预防控制中心

索南代青　青海省玉树藏族自治州动物疫病预防控制中心

拉巴永措　　青海省玉树藏族自治州动物疫病预防控制中心

季艾娜　　　青海省玉树藏族自治州动物疫病预防控制中心

扎西塔　　　青海省海北藏族自治州祁连县动物疫病预防控制中心

马海青　　　青海省海北藏族自治州祁连县动物疫病预防控制中心

闫德财　　　青海省海北藏族自治州祁连县动物疫病预防控制中心

康海燕　　　青海省海北藏族自治州祁连县峨堡镇畜牧兽医站

刘学梅　　　青海省海北藏族自治州祁连县默勒镇畜牧兽医站

随着社会经济的发展和科学技术的进步，牦牛养殖新理论、新技术、新方法不断推广应用，促进了牦牛产业高质量发展。规模化、集约化、标准化、设施化的现代牦牛产业化程度不断发展与提升，差异化、特色化、规范化、生态化的牦牛养殖技术不断改进与创新。但由于自然生态条件限制和资源要素配置不平衡等因素制约，牦牛产业发展中仍存在制种供种能力不足、生产性能不优、生产效率不高、产业链有效衔接不足等问题。为了适应新时代牦牛产业发展新要求，必然要求牦牛养殖者和生产经营者了解牦牛的育种方向、生长发育规律、繁殖生理特征、营养需要、饲养管理、疫病防控等基本知识。

牦牛养殖技术是提高牦牛生产水平的基础。编者在前期出版《牦牛科学养殖与疾病防治》《牦牛高效繁殖技术》的基础上，按牦牛学科发展与产业需求，编撰了牦牛养殖过程中的养殖实用生产技术，旨在指导牦牛生产。本书按牦牛育种改良篇、牦牛繁殖调控篇、牦牛饲养管理篇和牦牛产业提质增效篇共 4 篇、16 章编写，保持了传统家畜养殖学的基本内容框架，加入了牦牛养殖技术的基础理论，形成了一套适合我国牦牛产业实际和养殖实情的技术手册。以期在推动我国牦牛产业高质量发展过程中，为牦牛科研、生产相关人员提供基础资料和技术参考。本书在编写过程中，引用了诸多学者、专家的研究成果和资料，在此表示感谢！本书由财政部和农业农村部现代农业（肉牛牦牛）产业技术体系建设专项（CARS-37）、中国农业科学院科技创新工程（25-LZIHPS-01）资助出版。

由于编者水平所限，书中难免有不足之处，敬请读者批评指正。

编　者

2022 年 4 月

目 录

牦牛饲养管理篇

牦牛产业提质增效篇

牦牛育种改良篇

第一章　牦牛品种选育技术

中国牦牛遗传资源丰富，不同的品种表现出不同的生产性能和优良特性。牦牛品种选育的目的是选留优良品种进行繁殖，以提高牦牛个体生产性能，从而加快牦牛群体遗传改良进展。

第一节　种用牦牛选择技术

牦牛选择方法有外形选择与生产性能选择，直接选择与间接选择，表型选择与基因型选择，个体选择、家系选择和家系内选择，以及多个性状的综合选择等，其目的都是选择生产性能优良、性状遗传力高的牦牛个体留作种用。

一、种用牦牛的选择方法

（一）种公牦牛的选择

1. 初选　在断奶前进行，一般从 2～4 胎母牦牛所生的公犊中选拔。按血统和本身的状况进行初选，淘汰具有严重遗传缺陷和疾病的个体，选留头数比计划要多出 1 倍。特别对选留公犊牛的父、母品质要进行严格审查。本身的表现主要依据体型外貌、日增重等性状进行选留。对初选定的公犊牛要加强培育，并定期称重和测量有关选育指标，为以后的选留提供依据。

2. 再选　在 1.5～2 岁时进行。主要按自身的表型进行评定。对优良者继续加强培育，对劣者特别是生长发育缓慢、体型外貌与本品种特征严重不符的，要及时淘汰或育肥出栏。

3. 定选　在 3 岁或投群配种前进行。定选后的种公牦牛按等级及选配计划可投群配种。如发现缺陷者（配种力弱、受胎率低或精液品质不良等），可淘汰。对本品种选育核心群或人工授精用的公牦牛，要严格要求，进行后裔测定或观察其后代品质。

（二）母牦牛的选择

1. 核心群　对进入选育核心群的母牦牛，按照初选、再选、定选步骤选择。①初选：在断奶前进行。按血统和本身的状况进行审查，本身的表现主要看体型外貌、日增重等性状，选留后加强培育，并定期测量有关选育指标。

②再选：在 1.5～2 岁时进行。主要按自身的表型进行评定。对优良者，继续加强培育；对劣者，特别是生长发育缓慢、具有严重外貌缺陷的，及时淘汰或育肥出栏。③定选：在 2.5～3.5 岁或投群配种前进行。选择符合本品种特征的能繁母牛投群生产。

2. 选育群 对一般的选育群，主要采取群选的办法：①拟订选育指标，突出重要性状，不断留优去劣，使群体在外貌、生产性能上具有较好的一致性。②每年入冬前对牛群进行一次评定，及时淘汰不良个体。③建立牛群档案，选拔具有该牛群共同特点的种公牦牛进行配种，加速群选工作的进展。

二、牦牛种用价值的评定

选择的最终目的是选出最优秀的牦牛个体留作种用。一头好的种用牦牛，不仅要求本身生产性能高、体况外貌和繁殖性能好、发育正常、符合品种标准，更重要的是种用价值要高。所以，牦牛的选种就是对牦牛遗传性能的选择。

种公牛应当来自选育群或核心群经产母牛的后代，对其父的要求是：体格健壮，活重大，强悍但不凶猛，额头、鼻镜、嘴、前胸、背腰、尻都要宽，颈粗短、厚实，肩峰高长，尾毛多，前肢挺立，后肢支持有力，阴囊紧缩，毛色以纯色为佳。母牦牛的选择应当着重于繁殖力，初情期超过 4～5 岁而不受孕者、连续 3 年空怀者、母性弱不认犊者都应及时淘汰。

（一）性能测定

性能测定是根据牦牛个体本身成绩的优劣决定留种与淘汰。依据牦牛的增重、阶段活重、体格大小、饲料利用率等遗传力较高，且能够活体测定的性状进行选择，是一种十分有效的选择方法。1.5～3 岁牦牛的再选和定选均采用这种方法。在实际选种中，当被选个体同一性状只有一次成绩记录时，应先校正到同一标准条件下，然后按表型顺序选优去劣；当被选个体同一性状有多次成绩记录时，先把多次记录进行平均，然后按平均值进行排序选种。

（二）系谱测定

系谱测定是通过查阅和分析各代祖先的生产性能、发育情况及其他材料，来估计该种畜的近似种用价值，以便基本确定种畜的去留。鉴定时，重点放在父母代的比较上，其次是祖父母代。审查和鉴定不能针对某一性状，要以生产性能为主做全面的比较；不同系谱要同代祖先相比，即亲代与亲代、祖代与祖代比较。系谱测定多用于犊牛期和青年时期，本身尚无生产性能记录时的选种，是早期选种的方法之一。在牦牛生产中主要用于种用牦牛的初选。

（三）同胞测定

同胞测定是根据其同胞的成绩来评定某一个体的种用价值，可分为全同胞测定、半同胞测定和全同胞-半同胞混合测定 3 种。牦牛选种中的同胞测定主要是半同胞测定，对于牦牛的产乳量、乳脂率、产后乏情期长短、排精量等限性性状和屠宰率、净肉率等活体难于准确度量的性状，用同胞测定是最好的方法之一。

（四）后裔测定

后裔测定是根据后代的成绩来评定种畜种用价值好坏的一种方法。它是评定种畜种用价值最可靠的方法，因为后代是亲代遗传型的直接继承者。

1. 母女对比法 这种测定方法多用于公牛。它是通过母女间生产性能的直接比较来选择公牛的一种方法。此法是母女成绩相比较，凡子代母牛成绩超过母亲的，则认为公牛是改良者，可留作种用，否则就淘汰。此法还可通过计算公牛指数（F），依指数的大小排序选留。公牛指数计算公式为：

$$F = 2D - M$$

式中：F 为公牛指数；D 为子代母牛成绩；M 为母亲成绩。

这种方法简单易行，适用于小群体的选种；但由于母女所处的年代不同，存在一定的环境差异。同一头公牛与不同的母牛群配种会得到不同的结果。

2. 同期同龄比较法 该法是将被测公牛的子代母牛与其他同期、同群、同龄母牛的生产性能加以比较，来评定种公牛遗传性能好坏的一种方法。其优点是可以消除场地、季节等非遗传因素的影响；且方法简单，在资料不全时，可按单一性状进行选择。不足之处是所得结果只是对表型值的一个估计，没有消除预测中的误差。

3. 总性能指数法 该法是将各数量性状的预期遗传传递力结合起来，编制成一个简单的指数，即总性能指数 TPI，然后按指数大小排序选种。其指数的计算公式为：

$$TPI = \sum_{j=1}^{n} W_j R_{vj}$$

式中：TPI 为总性能指数；n 为性状数；W_j 为加权值；R_{vj} 为相对育种值。

后裔测定是一种评定种畜种用价值最可靠的方法，但也具有所需时间长、改进速度慢等缺点。在实际应用中，要消除对方遗传因素和生理因素的影响，并消除环境因素的影响，且有一定的数量，除测定主要的生产性能外，还应全面分析其体型外貌、生长发育、适应性及有无遗传病等。

三、牦牛选种的评定原则

(一)早期选种

提前选出品质优良的种牦牛,既能降低饲养成本,又能缩短世代间隔、加快种群的选育速度。为了能早期选种,采用个体表型选择、系谱测定、同胞测定等方法代替传统的后裔测定方法也是一条有效的途径。早期选种的原理是在犊牛阶段即对其尚未表现的重要经济性状(即数量性状)进行间接选择,主要是寻找一个或几个遗传力高、早龄就能度量的性状,而且要求这几个性状与要选择的后期表现的重要经济性状有较高的遗传相关。对犊牛的外形鉴定也可以作为早期选种的依据,如背腰长度与生长速度有较高的相关度。

(二)准确选种

1. 明确目标 选育目标是对选择和培育的总体要求,包括所选育的类型、用途、体质、体型等。当然也必须要突出重点,其中既要有大的原则,又要有具体的指标,如体高、体长、胸围、管围、产犊间隔、犊牛成活率等。明确选育目标,坚持正确的选育方向。

2. 条件一致 环境条件对牦牛的性状表现和生产性能有很大影响,包括饲养管理、气候、海拔、降水量等。只有条件相同,才能对牦牛的种用价值和品质做出公正的评定。如果由于客观原因,难以实现各种条件的完全一致,则应该结合不同的条件对资料做出某些必要的校正。

3. 资料齐全 为了选择准确,所需资料必须齐全。为此,要求对牦牛的生产性能测定、体质外形鉴定、生长发育评定、亲属的有关资料登记等准备齐全,及时记录、整理和统计,使选种工作有充分的依据。

4. 记录精确 度量和记录是取得各种资料的基本手段,但记录和度量必须准确、精确。原始记录如果有错误,一切以此开展的选择都将受到影响。所以,用以度量的器械事先要认真检查、校正,对取得的数据要注明是在什么条件下记录的,否则条件不同,容易得出错误结论。

5. 方法正确 选择方法对所得结果影响很大。在一段时间内,必须有选择的重点,集中选择能够取得明显遗传进展的1~2个性状。同时,选择中要注意性状间的相关性,全面分析包括被鉴定种牛本身、同胞、祖先和后裔的表现,针对性状的遗传力、重复力及受母体效应影响的不同,采用不同的选择方法。

6. 制度健全 内容包括配种制度、饲养管理制度、卫生防疫制度,以及资料记录、登记、统计分析和承包制度等,从而对牦牛的选择、培育、更新、淘汰形成制度，阶段性工作和长期性工作相结合，保证牦牛选育工作的持续发展。

（三）从优选择

要做好选择优良个体与优良基因的工作，首先要善于发现优良个体。依据公母牦牛性状遗传的特点，科学组合后代的遗传型，生产出符合人类需求的理想型个体，并将个体所具有的品质或性状转变为群体所共有，形成性状整齐一致、遗传稳定的牦牛群体。对优良基因的选择，就是如何选择优良性状或具有优良性状并能稳定遗传给后代的种牛。一个优良的牦牛群体是由不同牦牛个体组成的，只有加强对个体的选择，才能提高整个群体的平均育种水平。同理，整个群体的水平提高了，个体的水平才会有进一步的提高。

第二节　牦牛本品种选育技术

本品种选育是在品种内部通过选种选配、品系繁育、改善培育条件等措施，以提高品种性能的一种方法，是开展牦牛系统选育的重要措施。本品种选育的基本任务是保持和发展牦牛的优良特性，增加牦牛品种内优良个体的比重，克服该品种的某些缺点，达到保持品种纯度和提高整个品种质量的目的。

一、本品种选育的作用

在牦牛品种内部加强选种选配、改善饲养管理和开展品系繁育等措施，以提高牦牛品种性能的技术体系，其基本任务是保持和发展本品种的优良特性，增加种群内优良个体的数量，克服品种存在的缺点，最终达到保持牦牛种群的纯度并提高种群质量的目的。通过对牦牛生产性能、适应性、生长发育、繁殖力、抗病力等性状和性能的选育，全面提高牦牛的品种质量，增加品种内优良个体的数量，稳定牦牛优良性能的遗传性，纯化性状的基因型，全面实现对牦牛品种选优提纯和提纯复壮的系统选育要求，该项工作具有极高的科学价值和社会意义。

二、本品种选育的基本原则

（一）明确选育目标

选育目标是否明确，在很大程度上决定选育效果。选育目标应根据经济发展的需要，结合当地自然条件和社会经济条件，特别是农牧业条件，以及牦牛原有优良特性和存在的缺点，综合加以考虑后拟定。

（二）辩证地对待数量和质量

牦牛的质量不仅表现在生产性能上，而且还必须有优良的种用价值，即具有较高的品种纯度和遗传稳定性。杂交时能表现较好的杂种优势，纯繁时后代比较整齐，不出现分离现象。选育能改变群体的基因频率和基因型频率，从而改变牦牛的特性和生产性能。但如果牦牛所拥有的个体数量太少，尤其是种公牛，选育效果就会受到影响。数量和质量之间存在着辩证关系，必须全面兼顾，才能使本品种选育取得预期效果。

（三）正确处理一致性和异质性

我国牦牛有 20 个不同生态类型的地方品种，这反映了牦牛的异质性。牦牛的一致性就是其不同地方品种的共性反映，表现为牦牛的品种特征、特性。在本品种选育时，应通过选种选配尽量使一个品种内的个体，在主要性状上逐渐达到统一的标准。但品种的异质性也是必要的，没有一定的内在差异，就没有选育潜质。因此，选育时对于品种内原有的类型差异，应尽量保留和利用；原品种内类型不清晰的，还应通过品系繁育使杂乱的异质性系统化、类型化。

三、本品种选育的基本措施

（一）加强领导和建立选育机构

在开展牦牛本品种选育时，必须加强领导，成立相应的选育协作组织。这是开展本品种选育的组织保证。协作组建立后，应进行调查研究，详细了解该牦牛品种的主要性能、优点、缺点、数量、分布和形成的历史条件等，然后确定选育方向，拟定选育目标，制订统一的选育计划。

（二）建立良种繁育体系

良种繁育体系一般可由育种场、良种繁殖场和一般的繁殖饲养场或专业合作社三级组成。在良种选育地区建立专业的育种场，并组建选育核心群，这是本品种选育中的一项关键措施。育种场的种用牦牛由产区经普查鉴定选出，并在场内按科学饲养管理模式培育，在此基础上实行严格的选种选配，还可进行品系繁育、近交、后裔测定、同胞测定等育种工作。通过比较系统的选育工作，培育出大批优良的符合品种标准的牦牛个体。

（三）健全性能测定制度和严格选种选配

育种群的牦牛应及时、准确地做好性能测定工作，建立健全牦牛育种档案，这是选种选配必不可少的原始依据。承担良种选育任务的场（站），应有专人负责。选种选配是本品种选育的主要手段。适当多留种公牦牛，给予良好的培育条件，通过本身及同胞或后裔测定，选出一批较好的牦牛种公牛，更换产区性能不优种公牛，是一种既经济又能迅速提高牦牛群体质量的有效措施。在选配方面，应根据本品种选育的不同要求，采取不同方式。

（四）科学饲养与合理培育

良种在比较适宜的饲养管理条件下，才有可能发挥其高产性能。在开展本品种选育时，应加强饲养管理，进行合理培育。

（五）开展品系繁育

品系繁育是加快选育进度的一种行之有效的方法。在开展品系繁育时，应根据品种的不同特点及育种群、育种场地等具体条件，采用不同的建系方法。

第二章　牦牛生产性能测定技术

牦牛生产性能测定（performance test）是对牦牛个体具有特定经济价值的某一性状的表型值进行评定的一种育种措施，是牦牛育种中最基础的工作。生产性能测定必须严格按照科学、系统和规范的规程实施，才能为牦牛育种和生产提供全面可靠的信息。

第一节　牦牛生产性能测定的原则与方法

牦牛生产性能的性状分为数量性状和等级性状两大类。这两类性状都受多基因控制，但表现不同。数量性状的表现是连续的，如日增重、产乳量等。等级性状的表现是间断的，如外形等级、肉品色泽等性状具有多个阈值；难产与正产，发病与不发病，存活与死亡等性状只有 1 个阈值。

一、生产性能测定的原则

（一）性状选择原则

1. 选育方向　根据生产性能的记录可以做出选择。有的性状要向上选择，即数值大代表成绩好，如产乳量、活重等；有的性状要向下选择，即数值小代表成绩好，如生产每单位产品所消耗的饲料、背膘厚度等。

生产性能测定是根据牦牛个体本身成绩的优劣决定取舍的，在同样评比条件下有最大的选择强度。这对于遗传力高、在牛体又能直接度量的性状，是一种最有效的选择方法。

2. 经济价值　牦牛育种的目的是通过种群的遗传改良使生产者获得更大的经济效益，因而选择性状测定时，要充分考虑经济价值。随着市场的变化和技术的发展，应适时调整测定性状，改进测定方法，有条件的可以使用先进的记录管理系统。

（二）测定的规范性

测定标准及操作应具有规范性。同一性状测定标准和技术规范须一致。同一个育种方案中，性能测定工作须统一实施；同一育种场内尽量做到专人负责、固定技术人员操作。测定结果应具有客观性和可靠性，同时坚持性能测定具有连续性和长期性。

二、主要性状与测定方法

（一）生长发育性状

生长发育性状是评定牦牛经济学特性最易测量的性状。生长是指牦牛机体经过同化作用进行物质积累，细胞数量增多和组织器官体积增大，从而使牦牛的整体体积和重量都增长。生长是以细胞增大和细胞分裂为基础的量变过程。发育则是生长的发展和转化。当某一细胞分裂到某个阶段或某一数量时，就出现质的转化，分化产生和原细胞不相同的细胞，形成新的组织与器官。所以，发育是以细胞分化为基础的质变过程。生长和发育虽然在概念上有所区别，但二者之间是相互联系、不可分割的两个过程。可以说生长是发育的基础，而发育反过来促进生长，并决定生长的发展与方向。测定的性状主要包括体重及体尺性状。

1. 测定要求

（1）测量用具　测量体重用磅秤或电子秤，单位为 kg（千克），测量灵敏度 ≤0.1 kg，保留 1 位小数。测量体高、十字部高用测杖，测体斜长用测杖或卷尺；测胸围、管围和腹围用软尺；测坐骨端宽、髋宽用圆形测量器、测角器或卷尺。

（2）被测牛姿势　测量体尺时，使牦牛站立在平坦的地面上，四肢端正，头自然前伸，后头骨与鬐甲在一个水平面上。可将测定牦牛固定于测定栏内。

（3）测定年龄　包括出生、6 月龄、12 月龄、18 月龄、24 月龄、30 月龄、36 月龄、42 月龄、48 月龄、60 月龄等各月龄段。

2. 测定方法

（1）体重测量

体重（body weight）：指牦牛个体停食 12 h 或早晨出牧前空腹的重量，用电子秤或地磅准确称重。牦牛的体重以实际称重为准。

初生重（birth weight）：犊牛出生后采食初乳前的活重，单位为 kg（千克）。

断奶重（weaning weight）：犊牛断奶时的空腹活重，单位为 kg（千克）。

周岁重（yearling weight）：牦牛 12 月龄空腹活重，单位为 kg（千克）。

（2）体尺测量　体尺性状包括体高、体斜长、胸围、管围等。

体高（withers height）：鬐甲最高点至地面的垂直距离，单位为 cm（厘米）。

体斜长（body length）：肩端最前缘至同侧臀端（坐骨结节）后缘的直线距离，亦称体长，单位为 cm（厘米）。

胸围（circumference of chest）：肩胛骨后缘处体躯的垂直周径，单位为 cm

（厘米）。

腹围（abdominal circumference）：十字部前缘腹部最大处的垂直周径，单位为 cm（厘米）。

管围（circumference of cannon bone）：左前肢管部（管骨）上 1/3（最细处）的水平周径，单位为 cm（厘米）。

髋宽（thurl width）：髋的最大宽度，单位为 cm（厘米）。

坐骨端宽（pin bone width）：坐骨端外缘的宽度，单位为 cm（厘米）。

十字部高（hip height）：牛体两腰角连线中点至地面的垂直高度，单位为 cm（厘米）。

（二）育肥性状

育肥性状是评定牦牛在育肥阶段生长和产肉性能的重要指标。主要测定育肥始重、育肥终重、育肥期日增重等。

（1）育肥始重（入栏重）(entry weight)　育肥牦牛结束预饲期，开始正式育肥期时的空腹重。

（2）育肥终重（出栏重）(fatten weight)　牦牛育肥结束时的空腹重。

（3）育肥期日增重（daily gain during gattening period）　牦牛正式育肥期内（不包括预饲期）每天的增重，计算公式为：

$$育肥期日增重（kg/d）=\frac{育肥终重（kg）-育肥始重（kg）}{育肥天数（d）}$$

（三）胴体性状

胴体性状的测定是对牦牛的胴体品质进行评价，主要包括胴体重量测定、产肉性能指标计算、胴体形态测定等。测定胴体性状需要屠宰设施和特殊设备。

1. 待宰牦牛宰前要求　待宰牦牛宰前 24 h 停食，保持安静的环境和充足的饮水，直至宰前 8 h 停止供水。

2. 屠宰规格和要求

（1）放血　在牦牛颈下缘喉头部割开血管放血。

（2）去头　沿头骨后端和第 1 颈椎间切断，去头。

（3）去蹄　从腕关节处切断，去前蹄；从跗关节处切断，去后蹄。

（4）去尾　从尾根部第 1 至第 2 节切断，去尾。

（5）内脏剥离　沿腹侧正中线切开，纵向锯断胸骨和盆腔骨，切除肛门和外阴部，分离连接壁的横膈膜。除肾脏和肾周脂肪保留外，其他内脏全部取出，切除阴茎、睾丸、乳房。

（6）胴体分割　纵向锯开胸腔和骨盆腔，沿椎骨中央劈开左右两半胴体

（称为二分体）；然后转入 4 ℃成熟车间，48～72 h 后分割。

3. 胴体重量测定

（1）宰前活重（屠宰重）(slaughter weight) 屠宰前禁食 24 h 后的活重。

（2）胴体重（carcass weight） 活体放血，去头、皮、尾、蹄、生殖器官及周围脂肪、母牦牛的乳房及周围脂肪、内脏（保留肾脏及周围脂肪）的重量。

（3）净肉重（lean meat weight） 胴体剔骨后的全部肉重，包括肾脏及周围脂肪。

（4）骨重（bone weight） 将胴体中所有肌肉剥离后，所剩骨骼的重量。

4. 胴体产肉性能计算

（1）屠宰率（dressing percentage） 胴体重占宰前活重的百分率。

$$屠宰率 = \frac{胴体重（kg）}{宰前活重（kg）} \times 100\%$$

（2）净肉率（lean meat percentage） 净肉重占宰前活重的百分率。

$$净肉率 = \frac{净肉重（kg）}{宰前活重（kg）} \times 100\%$$

（3）胴体产肉率（carcass meat percentage） 净肉重占胴体重的百分率。

$$胴体产肉率 = \frac{净肉重（kg）}{胴体重（kg）} \times 100\%$$

（4）肉骨比（meat/bone ratio） 净肉重和骨重之比。

$$肉骨比 = \frac{净肉重（kg）}{骨重（kg）}$$

5. 胴体形态测定 胴体吊挂于 4 ℃成熟车间冷却 4～6 h 后，进行胴体外观、部位测量和评定。

（1）胴体长（carcass length） 耻骨缝前缘至第 1 肋骨与胸骨联合点前缘间的长度，用卷尺或测杖测量。

（2）胴体深（carcass depth） 牛胴体自第 7 胸椎棘突的体表至第 7 胸骨下部体表的垂直距离，用卷尺或测杖测量。

（3）胴体胸深（chest depth of carcass） 自第 3 胸椎棘突的体表至胸椎下部的垂直距离，用卷尺或测杖测量。

（4）背膘厚（backfat thickness） 在倒数第 1 肋至倒数第 2 肋间的眼肌横切面处，从靠近脊柱的一端起，在眼肌横断面长度的 3/4 处，垂直于表面处的背膘厚度，用游标卡尺测量。

（5）眼肌面积（loin - eye area） 左侧胴体倒数第 1 肋与倒数第 2 肋处背最长肌的横切面积，单位为 cm²（平方厘米）。用硫酸纸绘出眼肌横切面的轮廓，再用求积仪或透明方格纸计算出眼肌面积。

（四）肉质性状

肉质是一个综合性状，主要由肌肉大理石花纹、肌肉颜色、嫩度、pH、风味、系水力等指标来度量。

1. 肌肉大理石花纹（marbling） 指肌肉中可见脂肪和结缔组织的分布情况似大理石花纹状，因此称为"大理石花纹"。它反映了肌肉纤维间脂肪的含量和分布，也是影响牛肉口味的主要因素。通常以倒数第 1 肋与倒数第 2 肋间处眼肌横切面为代表进行标准卡目测对比评分。国内采用 5 分制评分标准，依次为极少、少、中等、丰富、极丰富。

2. 肌肉颜色（简称肉色，flesh color） 牦牛屠宰后 24 h 内，鉴定倒数第 1 肋与倒数第 2 肋间眼肌横切面的颜色。肉色是肉质性状的重要标志，也是胴体质量等级评定的重要指标。肉色鉴定的方法通常有目测法和色差计法。

（1）目测法 屠宰后 24 h 内，对照肉色标准图，目测倒数第 1 肋与倒数第 2 肋间眼肌横切面肉的颜色。国内采用的肉色标准为 8 分制，4 分、5 分最好。

（2）色差计法 在有条件的情况下，可采用色差计对肉色进行客观评定，用来降低目测法的人为主观误差。

测定步骤：牦牛屠宰后 24 h 内，取牛胴体倒数第 1 肋与倒数第 2 肋间眼肌，利用色差计测定，色差计应配备 D_{65} 光源，波长 700 nm。肉样厚度大于 1 cm，垂直肌纤维方向切开，横断面在室温下氧合 40 min 后测定。氧合过程环境风速应小于 0.5 m/s。每个肉样选取 3 个不同位置，重复测定后取平均值。

3. 脂肪颜色（fat color） 在倒数第 1 肋与倒数第 2 肋间取新鲜背部脂肪断面，目测脂肪色泽，对照标准脂肪色图评分。国内采用脂肪颜色标准图为 8 分制，一般脂肪颜色越白越好，1 分为最佳。

4. 嫩度（tenderness） 煮熟牛肉的柔软、多汁和易于被嚼烂的程度，是检验肉品质的重要指标。嫩度的客观评定是借助于仪器来衡量其剪切力、穿透力、咬力、剁碎力、压缩力、弹力或拉力等指标。最通用的是切断力，又称剪切力（shear force value）。一般用剪切仪或质构仪测定，单位为 N（牛顿）。

嫩度测定步骤：取外脊（前端部分）200 g，剔除肉表面的筋、腱、膜及脂肪，修成长×宽×高为 6 cm×3 cm×3 cm 的肉样。将肉样置于恒温水浴锅加热，待肉样中心温度达到 70 ℃时，将肉样取出冷却至中心温度至 0～4 ℃。用直径为 1.27 cm 的圆形取样器沿与肌纤维平行的方向钻切肉样，取样重复

3 次。将肉样置于仪器的刀槽上，使肌纤维与刀口走向垂直，启动仪器剪切肉样，测得这一用力过程中的最大剪切力值（峰值），即为肉样的剪切力测定值。

5. pH　pH 是反映宰杀后牛肉糖原酵解速率的重要指标。肌肉 pH 下降的速度和强度对一系列肉质性状产生决定性的影响。肌肉呈酸性首先导致肌肉蛋白质变性，使肌肉保水力降低。

测定方法：在屠宰后 45～60 min 内，用 pH 测定仪将探头插入肉样中，使其电极与肌肉组织充分接触，待 pH 测定读数稳定 5 s 以上，记录为 pH_1。在 4 ℃下，将胴体冷却 24 h 后，在相同的部位测定 pH 并记录，标记为 pH_{24}。

6. 肌肉系水力（water binding capacity，WBC）　当肌肉受到外力作用时，如加压、切碎、加热、冷冻、融冻、贮存、加工等，保持其原有水分的能力，也称为持水性。肌肉系水力的测定方法可分为 3 种：不施加压力，如滴水法；施加外力，如加压法和离心法；施加热力法，如熟肉率反映烹调水分损失。

（1）滴水损失法　不施加任何外力，只受重力作用下，蛋白质系统的液体损失重，又称贮存损失或自由滴水。

具体测定方法：宰后 2 h，取倒数第 1 肋至倒数第 2 肋间处眼肌，剔除眼肌外周的脂肪和筋膜，顺肌纤维走向修成长宽高为 5 cm×3 cm×2 cm 的肉条，称重，用细铁丝钩住肉条的一端，使肌纤维垂直向下，悬挂于食品袋中央（避免肉样与食品袋壁接触）；然后用棉线将食品袋口与吊钩一起扎紧，在 0～4 ℃条件下吊挂 24 h 后，取出肉条并用滤纸轻轻擦拭，去除肉样表层汁液后称重，并按公式计算滴水损失。

$$滴水损失＝\frac{吊挂前肉条重（g）－吊挂后肉条重（g）}{吊挂前肉条重（g）}×100\%$$

（2）加压法　当外力作用于牛肉上，肌肉保持其原有水分的能力，称为肌肉系水力或持水性，可利用质构仪测定。

具体测定方法：宰后 2 h，取倒数第 1 肋至倒数第 2 肋间处眼肌，修成边长约为 2 cm 的立方体肉样，用分析天平称重，记录挤压前重量。肉样上下各放 8～10 张滤纸，放到支撑座上。质构仪换上压力片，设置程序参数；压力重量 25 kg，挤压时间 300 s。开始挤压，由于滤纸比较松，压力会缓慢升到 25 kg 的重量并保持 300 s，一个肉样一般需要 6 min 左右。挤压结束后，取出肉样，揭去两侧粘连的滤纸，放入分析天平上称重，记录挤压后重量。然后计算肌肉系水力，即挤压前肉样重与挤压后肉样重之差占挤压前肉样重的百分比。

$$系水力=\frac{挤压前肉样重（g）-挤压后肉样重（g）}{挤压前肉样重（g）}\times100\%$$

（五）繁殖性状

繁殖性状主要测定种公牦牛的睾丸围、射精量、精子活力、精子密度、精子畸形率；母牦牛主要记录初产年龄、情期受胎率、产犊难易度。

1. 种公牦牛繁殖性状

（1）睾丸围（testicular circumference）　种公牛阴囊最大围度的周长，以 cm 为单位，用软尺或专用工具测量。睾丸围与公牦牛的生精能力和子代母牛的初情期年龄呈正相关，是评价种公牦牛种用性能最直接的性状。

（2）射精量（ejaculate volume）　公牦牛一次射出的精液量。

（3）精子活力（sperm motility）　在 37 ℃环境下前进运动精子占精子总数的百分比。一般使用精子活力检测仪测定。

（4）精子密度（sperm concentration）　单位体积精液中的精子数，单位为 10^8 个/mL。一般使用精子密度仪测定。

（5）精子畸形率（abnormal sperm percentage）　畸形精子占精子总数的百分率。一般使用精子畸形测定仪测定。

2. 母牦牛繁殖性状

（1）初产年龄（age at first calving）　母牦牛第 1 胎产犊时的年龄。

（2）情期受胎率（conception rate）　在发情期，实际受胎母牦牛数占情期参配母牦牛总数的百分率。这个性状既是公牦牛繁殖能力的体现，也是母牦牛群繁殖能力的一个整体指标。

$$情期受胎率=\frac{情期受胎母牦牛头数}{情期参配母牦牛总数}\times100\%$$

（3）产犊难易度（calving ease）　一般分为顺产、助产、引产、剖腹产 4 个等级。顺产为母牦牛在没有任何外部干涉的情况下自然生产；助产为人工辅助生产；引产为使用机械牵拉等情况下生产；剖腹产为采用手术剖腹助产。

（六）泌乳性状

牦牛的泌乳能力以犊牛的哺乳期日增重来衡量，同时测定母牦牛个体产乳量、乳脂率、乳蛋白质率及乳中体细胞数。

1. 哺乳期日增重（average daily gain during lactation）　犊牛从出生到断奶期间的平均每天增重量，用来衡量母牛的泌乳能力。

$$哺乳期日增重（kg/d）=\frac{断奶体重（kg）-初生重（kg）}{断奶时日龄（d）}$$

2. 个体产乳量（individual milk yield）　母牦牛一个泌乳期内产乳总量，是评定个体泌乳性能的重要指标。最精确的测定方法是将每头牛每天每次所挤的乳直接称重，累计得出个体的一个泌乳期的挤奶量。牦牛以产肉、乳为主，选育方向有所不同，牦牛总产奶量以 153 d 为标准。

日挤乳量：24 h 内挤乳量之和，单位为 kg（千克）。

月挤乳量：泌乳月牦牛的挤乳量，单位为 kg（千克）。每隔 9～11 d 测日挤乳量 1 次，以实际间隔天数乘以日挤乳量，3 次相加估算月挤乳量。

3. 乳脂率（milk fat percentage）　牛乳中所含脂肪的百分率。在整个泌乳期中，随季节和牧草营养的变化，乳脂率变化很大。

通常用乳脂率测定仪、乳成分分析仪和实验室测定法（盖贝尔氏法和巴布科克氏法），其中，乳脂率测定仪属于快速测定方法，在 1 min 内可以测出结果。

4. 乳蛋白率（milk protein percentage）　乳中所含蛋白质的百分率，是衡量牛乳质量的重要指标。

乳蛋白率测定的经典方法是凯氏定氮法，即先测定牛乳中的氮含量，然后根据蛋白质的含氮量计算出牛乳中的蛋白质含量（%）。该方法准确，但效率低。近年来，主要采用乳成分测定仪进行测定，优点是工作效率高。

5. 乳中体细胞数（somatic cell content，SCC）　每毫升新鲜牛乳中体细胞的数量，包括中性粒细胞、淋巴细胞、巨噬细胞及乳腺细胞脱落的上皮细胞等。生乳中体细胞数量高低对乳品质量和风味有很大的影响，特别是乳房炎乳（体细胞含量高）会导致乳品提前变质。同时，体细胞计数也是目前比较常用的鉴别牛乳房健康状态的有效方法。

测定方法包括直接镜检法、体细胞检测仪法、体细胞试剂盒法。直接镜检法操作时将待检的生乳样品涂抹在载玻片上成样膜，干燥、染色，显微镜下对细胞核可被亚基蓝清晰染色的细胞进行计数。

（七）产毛、绒性状

1. 产毛量　体躯与尾部剪下的粗毛重量，单位为 kg（千克）。体躯年剪毛一次，尾部 2 年剪毛一次，宜在每年 4—6 月进行。连续 2 年剪毛量的平均数为产毛量。

2. 产绒量　体躯抓（拔）下的绒毛重量，单位为 kg（千克）。每年抓（拔）绒一次，宜在 4—6 月进行。

第二节　牦牛个体标识与养殖档案管理技术

实施牦牛个体标识可以对牦牛个体进行标志，便于群体管理。规范牦牛养殖档案，对牦牛选育繁殖、饲养管理、疫病防控、屠宰加工等生产环节相关信息进行记录，实现对牦牛选育或养殖过程的全程有效追踪和溯源，实现牦牛生产过程的有效管控。开展牦牛个体标识和建立健全牦牛养殖档案，是牦牛品种选育、生产管理及疫病防控的必要环节。

一、牦牛的个体识别

（一）耳标

在动物育种工作中给种畜佩戴编码耳标，是为建立动物育种资料档案所使用的最原始而又传统的方法，也是有效查找识别种畜血统、生产性能等质量指标的便捷证件。随着高新技术的快速发展，种畜个体档案及资料管理系统越来越先进、全面、准确、便捷，如文字、图片、音像、条码信息卡等。目前，牦牛选育场或养殖场仍以普通耳标为主，电子耳标正在推广应用。

耳标是加施于牦牛耳部，用于证明牦牛身份的标识。耳标号是耳标辅标正面的牦牛身份证号。耳标号编排内容包括种牛场代码、养殖户顺序码、年份代码、牦牛出生时间顺序码等信息，耳标号实行一牛一号，编码在某一养殖单位具有唯一性。

牦牛双耳佩戴同号的耳标。单侧耳标丢失后应及时补戴，以保证耳标号与牦牛个体的一致性。距离牦牛的耳郭中部上边缘 2 cm 位置戴耳标，耳标号向外。公母牛的耳标颜色宜区分。公牛耳标宜为黄色，母牛耳标宜为蓝色，以便于在群体中快速区分公母。新生犊牛宜在出生 1 d 内佩戴耳标，并同时建档立卡，以保证信息的准确性。按本群犊牛出生时序、性别依次佩戴耳标。可通过预测当年数量提前编制耳标号，便于及时佩戴。

（二）个体编号

牦牛育种群的个体编号可反映出个体的父本和出生年份，通过编号就能查询某一个体的基本资料。牦牛生产群一般在出生时进行编号，也有的在免疫注射时进行二次编号。编号的方法有戴金属或塑料耳标。系留管理的牦牛在颈拴系绳上戴编号牌，也可在角、额烙号或标记，还可以在耳上剪缺口编号。牧民家庭养的牦牛群，一般在耳上穿孔拴一不同颜色的毛花做标记，或根据牦牛的外貌特征命诨名（如白嘴头、花秃蛋等），经一定时间就能从牛群中准确识别某一诨名的牦牛。在牦牛的编号或试验组群中，应重视记载放牧员对牦牛所命的诨名。

二、牦牛养殖档案

内容包括牧户信息、草场情况、引种、选留、配种、产犊、断奶、鉴定、调群、生产性能、系谱记录、饲草料来源、用量、日粮配方及各种添加剂使用和疫病防治、出栏、死亡淘汰、销售、无害化处理等。

（一）牦牛选育档案

良种牦牛种公牛个体档案表参见表 2-1。

表 2-1　良种牦牛种公牛个体档案表

单位名称		个体照片					
个体号							
来源							
品种							
出生日期							
出生地							

生产性能及等级							
测定日期	月龄	体重（kg）	体高（cm）	体斜长（cm）	胸围（cm）	管围（cm）	等级
	出生						
	6 月龄						
	12 月龄						
	18 月龄						
	24 月龄						
	30 月龄						
	36 月龄						
	成年						

系谱							
亲代	个体号	年龄	体重（kg）	体高（cm）	体斜长（cm）	胸围（cm）	管围（cm）	等级
父		成年						
母		成年						
祖代	祖父（号）			外祖父（号）				
	祖母（号）			外祖母（号）				
曾祖代	祖父的父亲（号）			外祖父的父亲（号）				
	祖父的母亲（号）			外祖父的母亲（号）				
	祖母的父亲（号）			外祖母的父亲（号）				
	祖母的母亲（号）			外祖母的母亲（号）				

（二）牦牛养殖档案

表2-2至表2-17示例牦牛养殖过程中的部分档案表格供参考，生产中根据需要可适当调整或增减。

表2-2　养殖单位基本情况表

单位名称		地址		邮编		填表时间	
单位性质	□国营　　□私营　　□合作社　　□其他＿＿＿＿＿＿＿						
法人代表		联系电话		传真		电子邮箱	
成立时间		占地面积（m²）		建筑面积（m²）		总人数（人）	
养殖品种		来源		养殖数量（头）		专业技术人员数（人）	
专业技术人员	姓名	性别	年龄	民族	毕业院校	职务/职称	参加工作时间	联系电话	备注

表2-3　养殖户基本情况表

编号		填表时间			
户主姓名		性别		民族		联系电话	
身份证号		所属地区		从事养殖工作时间	
居住地点					
家庭成员	姓名		性别	年龄	与户主关系

表2-4　基础设施登记表

季节	冬季	春季	夏季	秋季
草场面积（hm²）				
围栏（m）				
修建时间				
维修时间				
住房	m²（间）	修建时间		维修时间
棚圈	m²			

（续）

注射栏		个		
称重设施		台		
供水设施		口		
防疫巷道圈		个		
饲草料加工设备		套		
消毒防疫设施		套		
粪污处理设施		套		
填表时间				

表 2-5 牦牛存栏登记表

年度																													
	公牛数量（头）													母牛数量（头）														合计（头）	备注
登记日期	犊牛	1岁	2岁	3岁	4岁	5岁	6岁	7岁	8岁	9岁	10岁	11岁	≥12岁	犊牛	1岁	2岁	3岁	4岁	5岁	6岁	7岁	8岁	9岁	10岁	11岁	≥12岁		
承上年																												
本年年初数																												
…																												
结转下年																												

注：1. 本表填写存栏数，应在每月报表上报完成后填写，每月/季度至少填写一次；2. 年度末，在结转下年栏内填写结转数量。

表 2-6 年内头数变动表

年度																			
	年内增加数量（头）		年内减少数量（头）		增加（减少）数量明细（头）													合计	备注
记录日期	引入	繁活	死亡	出栏	犊牛	1岁	2岁	3岁	4岁	5岁	6岁	7岁	8岁	9岁	10岁	11岁	≥12岁		
					♂/♀	♂/♀	♂/♀	♂/♀	♂/♀	♂/♀	♂/♀	♂/♀	♂/♀	♂/♀	♂/♀	♂/♀	♂/♀		

注：1. 按变动类型将变动数量填入对应表格，并在明细表中分年龄、性别填写；2. 在备注栏内加以说明，如死亡原因等。

表 2-7 繁殖信息登记表

耳标号	出生日期	性别	初生重（kg）	体高（cm）	体斜长（cm）	胸围（cm）	管围（cm）	品种	外貌特征	来源	父系耳号	母系耳号

注：1. 外貌特征填写有角、无角、黑色有角、黑色无角、灰白色有角、灰白色无角、有角杂色、无角杂色等；2. 来源填写自然交配、人工授精等；3. 性别填写公和母；4. 品种为经国家有关部门审定的牦牛培育品种或地方品种。

表 2-8 个体体尺测定登记表

耳标号	测定日期	性别	品种	外貌特征	体重（kg）	体高（cm）	体斜长（cm）	胸围（cm）	管围（cm）	测定人员

注：1. 外貌特征填写有角、无角、黑色有角、黑色无角、灰白色有角、灰白色无角、有角杂色、无角杂色等；2. 性别填写公和母；3. 品种为经国家有关部门审定的牦牛培育品种或地方品种。

表 2-9 饲草、饲料购入记录表

饲草、饲料名称	规格	单位	数量	生产批号	供货单位	生产日期	入库时间	出库时间	经办人	签名

表 2-10 补饲记录表

起止日期	饲草料储备量（kg）				补饲牲畜数量（头）					日补饲料量（kg）				日补饲料次数（次）	日补饲草次数（次）	登记人
	精饲料	青干草	青贮草	营养舔砖	犊牛	1岁	2岁	≥3岁	小计	精饲料	青干草	青贮草	营养舔砖			

表 2 - 11　兽药使用记录表

耳标号	年龄	兽药名称	生产厂家	生产批号	购入日期	用药开始日期	用药原因	用药数量	给药方式	停止用药日期	使用人

注：给药方式填写口服、肌内注射、静脉注射等。

表 2 - 12　免疫记录表

免疫时间	牦牛存栏数量（头）	免疫数量（头）	疫苗名称	生产厂家	生产批号	购入日期	免疫方法	免疫剂量（mL）	免疫人员	记录人

注：免疫方法填写免疫的具体方法，如喷雾、饮水或注射等。

表 2 - 13　消毒记录表

消毒日期	消毒地点	消毒药名称	生产厂家	生产批号	购入日期	用药剂量（mL）	消毒方法	操作人员签名

注：1. 消毒地点填写棚圈、附属设施等；2. 消毒方法填写熏蒸、喷洒、浸泡或焚烧等。

表 2 - 14　防疫隔离记录表

隔离日期	隔离原因	隔离方式	隔离数量（头）	隔离结果	负责人

表 2-15　诊疗与病死畜无害化处理记录表

诊疗日期	耳标号	年龄	发病数（头）	发病原因	诊疗人	诊疗方法	诊疗结果	无害化处理方式	无害化处理日期	无害化处理责任单位（人）

注：无害化处理方式填写深埋、焚烧等方法。

表 2-16　粪便及污染物无害化处理记录表

日期	种类	数量（kg）	处理方法	处理地点	处理单位	责任人签字

注：粪污处理方法填写堆肥发酵、能源化利用、制作有机肥等。

表 2-17　产品销售记录表

销售日期	产品名称	销售牦牛月龄	耳标号	数量（头）	销往去向	检疫证编号	经办人及联系电话

第三章 牦牛选种选配技术

牦牛选育的成效大小与进度快慢取决于对种牛的改良和利用方法，前者是指选种的科学性和准确性，后者则为选配的合理性和有效性。通过选种以改变牦牛场内的各种基因的比例，突出主要性状，实现选优提纯，为开展选配准备良好的基因素材；通过选配可以有意识地组合优良基因，创造性地实现牦牛后代优良的基因型，培育出理想型的个体。

第一节 牦牛选种技术

根据家畜的育种值进行选种，才能收获最大的育种效果。然而育种值无法直接测量，需要通过表型值来估计。牦牛的选种是人为地对某个或某些特定经济性状进行人工选择的过程。选种的目的在于通过被选中的家畜遗传和变异的密切关系，结合必要的客观环境条件，造就和发展与其相似或有所超越的群体。选种也起着人工淘汰、改变畜群原状的作用。

一、牦牛主要的选种方法

（一）母女对比法

母女对比法是将年龄和胎次一致的母女间生产性能进行直接比较，用来选择种公牛。若子代母牛成绩超过母亲，则认为公牛是改良者，可留作种用，否则就淘汰公牛，不留作种用。此方法还可以通过计算公牛指数，依据指数的大小来选择公牛。该方法简单易行，适用于个体数量较小的群体的选择，对于限性性状的选择曾起到一定的作用。然而，由于母女所处外界环境的不同，性状会受到环境因素的一定影响。另外，同一头公牛与不同的母牛群配种会得到不同的结果。

（二）同群比较法

同群比较法要求被测公牛来自同一总体的随机样本，在总体中没有遗传改进。由于消除了母女对比法中环境影响所造的偏差，因而相对提高了选种的准确性。其计算公式：

$$A_x = 2b_{DW} + h_d^2\ (\overline{P}_i - \overline{P}) + \overline{P}$$

式中：A_x 为个体育种值；b_{DW} 为品种等级平均指数；h_d 为遗传力；$\overline{P_i}$ 为某群体平均表型值；$\overline{P}$ 为总体平均表型值。

（三）同期同龄比较法

该方法将被测公牛的子代母牛与其他同期、同群、同龄母牛的生产性能进行比较，用来评定公牛的遗传性能。其计算公式：

$$A_x = 2b\left[(\overline{P_0} - \overline{P_i}) + h_d^2(\overline{P_i} - \overline{P})\right]$$

式中：A_x 为个体育种值；b 为品种等级平均指数；h_d 为遗传力；$\overline{P_0}$ 为子代母牛平均表型值；$\overline{P_i}$ 为其他母牛平均表型值；$\overline{P}$ 为总体平均表型值。

同期同龄法的优点在于可以消除场地、季节、饲养管理等环境因素的影响，能够较为客观地评定种用价值；简单易行，在资料不全时，可按单一性状对被选公牛进行比较。不足之处为，所得结果只是对表型值的一个估计，没有消除预测育种值的误差；影响生产性能的固定环境因子来做校正，结果差异较大。

（四）预期差法

预期差法是测定公牛遗传力的一种方法。公牛的子代母牛与同期、同群其他公牛子代母牛在生产性能方面的差异，称为预期差，实质上是离均差乘以重复力。预期差法考虑了遗传力和环境相关等参数，对牧场、子代母牛和同龄牛分布进行校正。因此，所得结果比较准确和可靠。在计算过程中，都采用本地区、本品种的校正系数和品种平均值，不同地区间的饲养管理上的差异可不必考虑。不同地区间可直接用预期差值的大小来评定公牛的优劣。但随着牛群产量的提高，预期差法数值有下降趋势。

（五）总性能指数法

总性能指数是将各数量性状的预期遗传传递力结合起来，编制成简单的指数。它是对每头牛未来后代的遗传价值的最佳预测值。总性能指数法的优点是，可对公牛进行综合评定；计算时，所包括的性状数目可多可少，具有广泛的适用性；也可根据单一性状的成绩进行选择，若只用一个性状，则总性能指数成为该性状的相对育种值或预期差值，总性能指数法就成为预期差法；不仅能选出优良的公牛，而且可以按总性能指数值的大小区分相同等级公牛的不同名次，从而有利于选种工作；由于在计算相对值时采用了同期同龄比较法，消除了环境偏差，加之总性能指数法是后裔测定的方法之一，因而按总性能指数值的大小选择公牛，能较客观地评定其种用价值，提高牛群选择的准确性；在尚缺遗传参数的牦牛中，经后裔测定，按总性能指数选择公牛，比表型选择更为准确；总性能指数法在同期同龄比较法的基础上，利用了多方面的信息。因此,与同群比较法、同期同龄比较法、预期差法相比较,具有较高的精确性和广泛的适用性。但总性能指数法是一种后裔测定的方法,在计算过程中使用了同群比较法。所以,总性能指数法不可避免地具有后裔测定方法和同群比较法所具有的缺点。

二、建立牦牛繁育体系

牦牛繁育体系是有效地开展牦牛育种和杂种优势利用的一种组织体系。它既有技术性工作,又有周密的组织工作;既有纯种繁殖,又有杂种优势利用。牦牛繁育体系主要采用本品种选育,即按照加性遗传效应,利用原种繁殖生产种公牛,以纯种繁殖区、选育提高区、繁殖推广区三个层面进行繁育。以种牛的初选、再选及定选的选种方法进行选种,并将选出的优秀种牛进行有计划的选配,以求在子代中提高有利加性的组合,得到优良个体,去劣存优。其目的是保持和发展牦牛的优良特征,增加种群内优良个体的比例,抑制或减少不良个体的产生,以实现牦牛品种总水平的提高。

牦牛以肉用为主,应用品种选育技术,针对性地进行优良性状基因的选优提纯、优良性状的科学组合、纯化固定,最终通过优良基因的选优提纯、科学选种选配、纯种繁殖、定向培育、科学饲养等措施,从体形外貌、体质类型、生长发育、繁殖性能、性状遗传和种用价值等方面全面开展对牦牛的系统选育,在达到规定的基因纯合率后,将个体所具有的优良性状、性能及时转化为群体所共有。

牦牛地方品种均适合建立三级繁育体系,由育种场、良种繁殖场和一般养殖场或专业合作社,或养殖专业户组成。育种场的牦牛由主产区经普查鉴定选出,并在育种场内按照科学饲养管理模式培育,在此基础上严格选种、选配。通过系统的选育工作,培育出性能优良的、符合品种标准的牦牛个体。因此,建立并不断优化牦牛繁育体系是改良牦牛品种的一项关键性措施,具有推广应用价值。

(一)选育牛群的建立

选择的基础牛群应具有明显的品种特征及达到选育目标的遗传基础。双亲性能良好,体质健壮,血统清楚,无传染病,性器官发育正常。母牦牛以繁殖性状为主,公牦牛以育肥性状和屠宰性状为主。

(二)选育方法

加强后备种公牛培育,实施四个阶段的选择。第一阶段,出生后"试选"。在出生后不久根据矫正后胎次、初生重、参考亲本的体型外貌和生产性能进行,留种率为90%。第二阶段,0.5岁"初选"。对试选的犊公牛,根据入冬前个体发育、体型外貌进行初选，留种率为 50％～70％。第三阶段，18 月龄"复选"，为选择的关键环节。此时经一个暖季的换毛后，体型特征已基本定型，漫长的冷季考验了个体的抗逆能力，而牧草营养相对较好的暖季则为个体表达其生长发育的差异提供了机会。此时选种，准确率较高，留种率为 40％。第四阶段，2.5～3.5 岁"终选"。有计划地将所选留的公牦牛投入基础繁殖母牛群中进行试配，根据其体格发育、外貌特征、性欲强度、后代表现（包括有无遗传缺陷）等做最后阶段的选留，留种率 50％。通过以上 4 个阶段的选择，留种率为 9％～12％。同时，加强种子母牛的选择和培育。母牦牛的选择着重于繁殖力，初情期超过 4～5 岁而不受孕、连续 3 年空怀、母性弱不认犊的均应及时淘汰。

（三）建设多级繁育体系

按照牦牛品种标准与选育目标，综合应用本品种选育技术与改良技术，建立牦牛繁育技术体系。建立牦牛选育核心群，作为牦牛制种供种基地；建立扩繁群，置换种公牛，选育提高牦牛生产性能；开展品种改良，利用杂种优势生产杂种牛，提高牦牛的生产性能及出栏率。

1. 种公牛站 从核心群选择优秀种公牛，购置相关设备，修建棚舍，利用现有的饲草料生产优质饲料，以舍饲为主，以提高优秀公牦牛的利用率和犊牛的质量。首先，在进行人工调教的基础上，对公牦牛实现采精；其次，建立和优化牦牛冻精生产体系，筛选其精液的最佳冷冻配方生产流程；再次，结合人工授精效果与后裔性能记录，选择重点公牦牛；最后，在生产的 F_1 代公牦牛中，选择特级公牦牛补充到种公牛站。

2. 育种核心群 种牛按照优中选优、选留培育的原则，从纯种繁育区选择引入，选择符合牦牛品种标准的牦牛组建育种核心群。对公牛的要求必须是特级或一级，对母牛要求是二级以上，在核心群中自然交配的种公牛不能连续使用 3 年，适当时期实行种牛置换或串换。通过调整畜群结构组建牦牛基础母牦牛选育核心群，种公牛选育核心群。加强牦牛育种核心群建设，不断完善选育档案。

3. 选育核心群 培育符合牦牛品种标准的 2 岁后备种公牛，用于种公牛置换与血液更新。组建牦牛基础母牛选育核心群及牧户管理选育群。

从选育提高区内选择较好的基础母牦牛进行牛群组建，先由牧民群众淘汰出售、补差交换不符合品种标准的牦牛，再购入优良牦牛进行组建。牛群质量状况要达到选择标准，配备有二级以上的种公牛，有条件的可采用冻精授配技术进行配种。群体内选育和培育的优秀个体，根据血统和类型分别补进核心群的后备牛群。

4. 扩繁生产群 开展选种、选配，置换种公牛，加强选育，改良牦牛品质，增加牦牛数量，提高牦牛生产性能。基础母牛原则上要求被毛基本一致，种公牛质量要求二级以上。编制选育及优化方案采用开放式选育体系，防止近交或基因漂移。在每年的剪毛季节，牦牛育种场组织技术人员对核心群、繁育群、扩繁群的牦牛进行生产性能测定，建档、立卡。在秋季防疫季节，逐头进行品质鉴定、个体登记，按照选育方案调整或淘汰公、母牦牛，整理群体，提高选种选配的质量。

5. 商品生产群 组建牦牛商品生产群，以增加经济效益为主，开展品种改良，生产杂种牛，实施牦牛短期放牧育肥或补饲育肥，适时出栏，提高牦牛商品率。

第二节　牦牛选配技术

选配就是有明确目的地决定公、母牦牛的配对，有意识地组合后代的遗传基础，以达到培育和利用良种的目的。选配是对牛群的交配进行人为干预，为了按一定的育种目标培育出更优秀的后代，就需要有意识地组织优良的种用公、母牦牛进行配种。选配的主要任务是尽可能选择亲和力好的公、母牦牛配种。

一、选配的原则

（一）要根据育种目标综合考虑

选配是牦牛育种中的重要措施。开展选配工作首先应紧密结合育种目标进行，按照育种目标规定的任务，全面分析考虑与配个体之间的品质对比和亲缘关系，必要时还应当分析与配个体所隶属的种群特点及其对后代可能产生的影响，进而制订切实可行又能体现育种目标的选配方案。

（二）选择亲和力高的牦牛交配

亲和力即公、母牦牛交配产生优良后代的能力。亲和力的测定要根据交配记录和交配结果具体分析的基础上，找出那些曾经产生过优良后代的选配组合，继续维持和扩大。而选配结果不良的组合则应否决，借以充分体现选配对牦牛种群改良的导向作用。

（三）公牦牛的等级要高于母牦牛

公牦牛肩负有改良和提高整个牦牛群的作用，对公牦牛应当加强选择，提高选择强度，选留种公牦牛的等级和质量应当高于母牦牛，牦牛种公牛的等级应当达到特级，不能低于一级，而与配基础母牦牛的等级应当不低于二级。这样要求，不仅由于母牦牛的需求量较大，也在于让个别有独特性状表现的母牦牛参加配种。

（四）不选用具有相同缺点或相反缺点的个体交配

选配中，不选用有相同缺点和相反缺点的公母牦牛交配。例如，白牦牛群体不选用有杂色或黑色的公母牦牛交配，不选用背凹和背凸的公母牦牛交配等，以免加重缺点的发展。

（五）适时采用近交

生产中近交有害，但近交又是一种有效固定性状、稳定遗传性的重要手段。按照常规，同一地方品种的牦牛应有类型相同而相互间没有亲缘关系的主配公牦牛 3 头以上，并有相应的后备公牦牛，同一公牦牛在同一牛群中的使用年限不宜过长，要及时登记各公、母牦牛的血统，及时调换种公牦牛。

（六）搞好品质选配

优秀的公、母牦牛交配一般都会产生优良的后代。对具有一定选育基础、性状相对整齐的牦牛场，应采取同质选配的方式，以便固定优良性状，保持选育水平。相对而言，只是在育种初期或为了某种特殊的育种目的，才在养殖场进行异质选配。

二、选配的分类

牦牛的选配按其对象的不同，可大体分为个体选配和种群选配两大类。个体选配中，按交配双方品质的不同，可以细分为同质选配和异质选配。按交配双方亲缘关系的不同，可分为近交和远交。按交配双方所属种群的不同，可以分为纯种繁育和杂交繁育。目前，在开展牦牛选育的开始阶段，为了保证群体基本的性能和特征得到保持和改良、提高，认真做好个体选配是唯一的途径。为此应全面分析研判与配双方的品质对比（是同质还是异质）与亲缘关系的远近（近交还是远交），以及与配双方彼此的基因亲和力等。

（一）品质选配

根据与配公、母牦牛的品质对比而决定是否交配，即选取在性状表现、性能特征，以及与适应性有关的性状上相同或不相同的个体进行交配。前者称为同质交配，后者称为异质交配。就品质而言，既可以指一般品质，如体质、体型、生物学特征、生产性能等方面的品质，也可以指遗传品质，后者就数量性状而言，则指性状育种值的高低。生产中，同质和异质这两种交配方式有时单用，有时同用。即根据与配公、母牛在体型外貌、体质、体尺（体高、体长、胸围、管围）及毛色等方面的表现，有时可以进行同质交配，有时可以进行异质交配；有时可能先同质，后异质；也可能某几个性状上是同质，另外的性状上却是异质，具体要针对牦牛在头型、体型，以及毛色等方面的表现来决定。

配种应有计划，计划应尽可能详细，应当在场内公、母牦牛开展系统选育的基础上展开选配。如果是异质交配，公牦牛应在头型、体型和生产性能上有优势，表现出类拔萃。母牦牛在体长、体高、繁殖力、适应性和泌乳能力等方面有良好表现。这样的公、母牦牛交配后，后代一般会秉承父母双方的优点，形成优良的性状性能。同质交配则要求公、母牦牛在头型、毛色、适应性、繁殖力、抗病力等方面具有相似的优点，交配后可使以上性状得到巩固和发展。但是，由于构成牦牛的性状分为数量性状和质量性状，在开展选配时应该区别对待。同质选配和异质选配实际都属于表型选配，而由于决定牦牛性状遗传的是该性状的基因型而并非表现型，所以选配如果能着眼于性状的遗传特性，则无疑会大大提高选配的效果。

牦牛数量性状的遗传型通常是指调控该性状的微效多基因的累加效应值，即性状的育种值，也是数量性状在世代传递中可以真正遗传的基因的效应值，通常要通过对牦牛某一数量性状以其遗传力对其选择差进行加权来计算。而牦牛质量性状的遗传型其实就是其基因型。在决定性状的等位基因间无显性时，其表现型就是其基因型，所以可以通过牦牛的表现型直接判断基因型。但在完全显性的情况下，必须运用测交的方法，通过被测牦牛后代的性状表现，用概率来推断其基因型。可见，以牦牛性状的遗传特征为基础的选配，是一项科学而严谨的系统工作。

（二）等级选配

按"各牦牛综合评定等级标准"，对与配公、母牦牛进行等级评定，确定公、母牦牛的等级后，再确定公、母牦牛的配对。等级选配适用于选育水平较高、牛场牦牛性状整齐、性能稳定、具备较高育种水平的牦牛繁育场。

开展等级选配，通常公牛的综合评定等级应高于母牛，每世代主配公牛应达到特级，不低于一级。而基础母牛或与配母牛应达到一级，个别具备独特性能或特征母牦牛容许二级。公牛的等级按特级或一级要求，原因在于公牛影响面大。选择品种性能或特征优良的公牦牛配种，利于提高牛群的整体水平，并使牛群性状整齐、表现一致。为了充分发挥优良种公牛（理想型）的遗传效应，迅速提高牛群的品质性能，在进行等级选配时，更应当强调对母牛的要求，不仅母牛的影响要大于公牛，而且在于使用性状整齐、性能优良的母牛选配，才更能发挥种公牛对牛群的改良作用，便于在较短的世代更替中形成具有种公牛性能和特征的、整齐一致的牦牛群体，实现选种选配方案的总体计划和要求。母牛是繁殖的中心，优良种公牛品质性能的保持和发扬，最终还要通过母牛来实现。就后代的品质而言，母牛的影响要大于公牛，母牛除通过细胞核染色体 DNA 物质对后代产生影响外，还通过细胞质对后代产生影响，即胞质遗传。母牛也通过哺乳对后代品质性能、生长发育和成活率产生更重要的影响。

与种公牛类同，处于发情期的母牦牛也应有良好的膘情、体况，健康无病，品质优良，以求与种公牛恰当配对，组合产生出优良后代的遗传基础，创造出优良的牦牛个体。通常用来配种的母牦牛按品种等级评定应不低于二级，体型、毛色和生产方向等要和与配公牛一致。对母牦牛还要求应有良好的母性，善护犊，泌乳力强，犊牛断奶成活率高。对初情母牦牛而言，可以通过与其有亲缘关系的同胞、半同胞以往的产犊资料为借鉴，或者通过其母亲的表现做初步分析和判断其母性。牦牛配种后，还可详细记录个体性能表现，最终做出判断。凡犊牛成活率低、断奶体重小的母牦牛都不应保留。

进行等级选配，要求种公牛（包括后备公牛）类型不可过多或过于分散，相互间不能有亲缘关系，以便在选配中能较快固定优良性状，避免性状分离或出现较多类型，影响牛群的一致性。但对于母牦牛，除在主要的性状（诸如毛色、体型、体质类型、气质秉性和适应性、繁殖力等）表现一致外，可容许某些母牛之间可以有一定的亲缘关系，这样才更能体现牛群在类型、体型等方面的一致性，更便于通过选配形成在一定近交水平基础上的遗传稳定性和一致性，尽快实现育种方案，也体现育种的技术能力与水平。

（三）血统选配

以血统或家系为单元，在家系内或家系间开展有目的的选配，其意义在于保持并巩固群体内各血统或家系的品质特征，保持不同的牦牛类型，巩固遗传性。按血统选择公母牦牛交配，可以有效地将不同血统公、母牦牛所具有的性状与特征集合在一起，创造出理想的牦牛个体，也可以把各血统牦牛所具备的优良性能和特征稳定下来，保持下去。

保持血统选配方法与按家系留种的方法应科学结合使用。一方面，按家系留种，规定在世代更替中，必须为每头种公牛留有一个子代公牛，以继承其血统。也规定为每头牦牛留一个子代母牛，以保持其遗传性，这样可使各家系的特征得以保存。另一方面，并不排除各血统间或血统内公母牦牛间的交配。就后者而言，容许有一定范围和程度的近交。为使某一家系牦牛独特的品质性能得到扩展或稳定遗传，或者为剔除某一血统可能存在的隐性缺陷，最有效的方法就是在该家系牦牛内实施一定程度的亲缘交配，即近交。据测定，牦牛有较强的抗近交能力，使用近交系数 3.125%～12.5% 的近交形式，诸如远房姑侄、远房叔侄，甚至双堂半同胞交配可有效地在后代牦牛中再现出类拔萃的祖先个体的形态和特征。后代牦牛在生活力、抗病力、适应性及生长发育等方面并不一定都表现出衰退。近交可以促进基因的纯合，巩固性状的遗传性，揭露有害基因，并有效形成牦牛群的整齐一致。所以只要有明确的目标、正确的措施、灵活的方法，严格选种不仅能防止近交可能引起的不良后果，做到近交不衰退，还可以尽快地揭露有害基因，淘汰具有遗传缺陷的个体，建立性状稳定、品质纯正的牦牛群。

在牦牛品种形成的几千年历史中，经历了青藏高原严酷自然环境的陶冶和藏族群众严格的选择，凡有不良表现的个体都会被淘汰，保留的个体，携带隐性不良基因的概率较低。因此，在近交中隐性不良基因重合的可能性很低，即使近交也很少表现衰退。但这种交配却能最有效地促进决定优良性状基因的纯合，固定优良性状并保存某些优良个体的血统，将某一非常优良牦牛的品质性能尽快变成群体所共有，实现创造和培育优良牦牛的目标。但近交有害，除具有一定技术力量的育种场外，在一般繁殖场，还是应当坚决杜绝近交。

三、选配的准备工作及选配程序

（一）选配前的准备工作

首先，应深刻了解整个牦牛群体的基本情况，包括牛群的结构和形成过程，牛群的现有水平和需要改进提高的性状。为此，应该分析牛群的形成过程，并对全群牦牛进行深刻全面的普查和鉴定。

其次，应分析以往的交配结果，查清每一头母牦牛曾与哪些公牦牛交配并曾产生过优良的后代或不良的后代，以便从中总结经验和教训，包括优良的性状组合、性状改良及性状固定稳定遗传。对优良的交配组合可以采取"重复交配"的方法，而对于那些还未曾交配更未产生后代的公、母牦牛，可以通过分析其全同胞、半同胞的交配组合与生产记录作为借鉴。

最后，应慎重分析即将参加配种的每头牦牛的系谱和个体品质（诸如体型、体尺、评定等级、体质类型和毛色等），对每头牦牛要保持的性状、要改良的性状、要发展的性状、性状的质量或数量水平做出全面的科学分析，有具体的分析记录与报告。有条件时，还可以结合进行后裔鉴定资料的分析，从而为公、母牦牛选出最理想的交配组合。

（二）选配程序

1. 分析交配双方优缺点　可以将全群牦牛按父系排队列表，分析特点，借以作为选配的根据（表3-1）。

表 3-1　牦牛不同特点分析

牛群别号	要保留的特点	要提高的特点	要克服的缺点
…	…	…	…

2. 绘制牛群系谱图　为了避免近交，必须掌握牛群内的亲缘关系，为此可以采用绘制牛群系谱图的方法，根据每头牦牛在牛群中的亲缘关系标出它在牛群系谱中的位置，掌握全群的亲缘关系。

3. 分析亲和力　利用牛群系谱图主要还是为了追溯各牦牛个体所属家系或血统，并进一步比较不同家系与血统牦牛后代的交配效果，借以判断其相互间亲和力的大小。这在牦牛选优复壮中有非常重要的应用。

（三）拟定选配计划

选配计划又称为选配方案。选配计划没有固定的格式，一般应当包括每头公牦牛和与配母牦牛的编号，以及公、母牦牛的品质说明、选配目的、选配原则、相互间的亲缘关系、选配方法、预期效果或目的。

牦牛的选配方法有等级选配、个体选配、亲缘选配等方法，可以根据场内牦牛的特点和选育的水平决定应用。选配计划执行后，应在下一个配种季节到来之前，对所执行的计划进行总结检查，本着"好的维持、不好的修正"的原则全面修订。

（四）培育的原则

牦牛的培育就是对牦牛的个体在其生长发育过程中，采用相应的条件作用，以保证它能正常地生长发育；或者根据生长发育规律干预或改变牦牛的发展方向或某些部位的生长发育过程，从而塑造出理想的牦牛个体或类型。牦牛的培育是以其生长发育规律为基础的。

1. 明确培育目标　培育目标必须具体、合理，符合牦牛生物学特性和生长发育规律，同时要考虑当地自然与经济条件。

2. 加强个体选择　培育工作主要是利用各种条件来控制个体发育，因此个体的选择非常重要。一般来说，应选择处于生长发育旺盛阶段，或由一个阶段转入另一个发育阶段的个体。

3. 选择培育的作用部位、时间和手段　作用时间必须根据生长发育规律，对该阶段生长发育强度最大的组织，采用合适的手段进行，才能取得理想的培育效果。如对 3～6 月龄的牦牛犊牛通过科学合理的饲养管理，就可以培育出符合品种要求的优良个体。

4. 作用的强度和剂量要合适 在牦牛生长发育的某种状态下，只有合适的剂量或强度，才能起到良好的作用，如营养成分的配比。

四、选配在牦牛选育中的作用

选配就是对牦牛的配对加以人为地控制，使具备优良基因或性状的个体获得更多的交配机会，使优良基因能按照人类的意愿更好地重新组合，从而产生大量的理想型个体，使牦牛种群得到不断的改良与提高。

（一）选配能创造变异

选配就是要研究与配牦牛个体之间的关系，包括与配牦牛之间的品质对比、亲缘关系，以及所属类群之间在性状遗传中的关系和特征等。交配双方遗传基础不可能完全相同，有时甚至差别很大，这样交配的结果，后代犊牛才可能与父母任何一方不同，才有可能集合父母的优良基因、秉承父母代的品质与性能，成为有别于父母任何一方的理想型变异，从而为进一步发展这种理想型变异，为培育新品种牦牛奠定基础。特别是就牦牛本身而言，由于种群本身的异质性，使得牦牛的品种选育和选育核心群的组建只能实施"性状组群"的原则，将具有理想型性状的牦牛个体尽可能地收集到核心群中来，借以收集在品种选育中所需要的各种基因素材，进而才有可能通过人为科学地选配，组合牦牛后代犊牛的遗传基础，创造理想型牦牛变异，推进选育的进展。

（二）选配能加快遗传稳定性

个体的遗传基础是由其双亲决定的。因此，如果牦牛父母双方的遗传基因相近似，那么所生后代的遗传基础就很可能与其父母接近。这样，一个牦牛养殖场，只要在若干代中始终选择性状相近似的公、母牦牛交配，该性状的遗传基因即可能逐渐趋于纯合，该性状也就可以逐渐在牛群中被固定下来。长期坚持，逐渐使牦牛的性状被固定，基因型逐渐纯合。提高牦牛选配的水平，灵活运用诸如"同质与异质""近交与远交"等选配技术手段，将会加快牦牛的性状固定和品种的选优提纯，加快牦牛的遗传稳定性。

（三）选配能把握变异的方向

当牛群中出现某种理想型变异时，就可以把具有该变异的优良的公、母牦牛选择出来科学选配，进一步地强化和固定变异，这样经过长期的继代选育，使理想型变异在牛群中得到保持并更加明显的表现时，就能形成一个牦牛群体独具的特点，此时一个牦牛的新品种（系）亦得以培育成功。只要按照明确的培育目标、科学选种选配，把握变异的方向，就能创造出符合要求的牦牛新品种。

第四章 牦牛品种改良技术

品种改良是牦牛育种工作的重要组成部分，特别是在不利环境中，对处于退化性的地方牦牛品种资源，改良是提高个体及群体生产性能的前提和基础。通过综合畜牧育种技术，改进遗传结构，提高其抗逆性和生产性能。

第一节 种内杂交改良

通过本品种选育，可提高牦牛的生产性能，但提高的速度很慢，难以适应当前国民经济快速发展的要求。所以在抓好本品种选育的同时，有计划地开展牦牛杂交改良，充分利用种内杂种优势，大幅度提高肉乳生产性能，以提高其产品商品率。同时，通过杂交改良还可以为育成牦牛新品种创造条件。

一、野牦牛杂交改良

（一）野牦牛遗传资源

野牦牛是青藏高原现存特有的珍稀野生牛种之一，属于国家一级保护动物。野牦牛一般生活在青藏高原 4 000～5 000 m 的高山峻岭之中，喜群居，数十头甚至数百头成群生活在一起，善于攀高涉险，性情凶猛暴躁，适应性极强。

野牦牛全身被毛粗而密长，腹部、肩部及关节处毛更长，裙毛及尾毛几乎垂到地面，毛色为黑色或者黑褐色，鼻镜、面部及背线的毛色较浅，近似灰白色。野牦牛体格大，头长而粗重，角粗长，先向两侧弯曲，再向后翘起，呈圆锥形。野牦牛颈短而多肉，颈峰高而隆起，胸宽而深，四肢强壮，蹄大而圆，体质结实。雌性野牦牛相对单薄。每到寒冷季节，成群结队聚集在平坝过冬，到暖季又迁移到雪线附近休养生息，有的野牦牛群体常向北迁入祁连山腹地。

野牦牛的配种季节为 7—9 月，产犊季节为 3—6 月。雄性野牦牛在繁殖季节会混入附近的家牦牛群中配种。获得的后代在体格大小和抗病力等方面比家牦牛有不同程度的提高，但性情较野。

（二）野牦牛与家牦牛的杂交优势

野牦牛和家牦牛是同种内的不同亚种。野牦牛是青藏高原高山寒漠地区特有的珍贵野生牛种，体格硕大（600～1 200 kg），对严酷生存条件具有极强的适应性。野牦牛与家牦牛血缘关系相近，在重要经济性状如体重、生长速度、体型外貌、抗逆性、繁殖力、代谢类型及其对少氧环境的适应性、繁殖力等方面，野牦牛均优于家牦牛，具有绝对的优势。野牦牛与家牦牛的杂交后代不仅显示了强大的杂种优势，而且无生殖隔离，在特定的高寒环境其他牛种难以生活并存在杂交后代生殖隔离的情况下，野牦牛是理想的改良父本，其杂交后代不但生产性能提高，而且提高了改良后代的抗逆性和生活力，能更加有效地利用高山草场。培育品种大通牦牛是野牦牛杂交改良家牦牛的典型案例。

1. 育种目标

（1）目标　在保持牛群适应性、繁殖效率的同时，提高牛群的增重速度、群体整齐度。

（2）具体选育指标

① 体重：新品种初生重 13～14 kg；6 月龄公牦牛体重 85 kg，母牦牛体重 80 kg；18 月龄公牦牛体重 150 kg，母牦牛体重 135 kg；28～30 月龄公牦牛体重 250 kg，母牦牛体重 200 kg。

② 繁殖力：培育品种母牦牛初配年龄 2 岁，受胎率达到 70%，比同龄家牦牛提高 15%～20%；24～28 月龄 1/2 野牦牛基因的公牦牛可正常采精，比家牦牛提前 1～2 岁配种。

③ 遗传性能：在 F_1 代横交固定群中有控制地利用近交，公牦牛选择按 $S=(n+1)/8n\triangle F$（其中，n 为公母比例中母牦牛比数，$\triangle F$ 为世代近交量）；平均近交系数 $F=0.093\,7$，范围在 $0.031\,1～0.125\,0$。公牦牛适度培育，经过 4 次严格选择，繁育 3～4 世代。

体重估算，在没有活体称重的条件下，可以测量体尺估计体重。经前期试验数据的分析，公牦牛体重用以下公式由 3 个体尺性状估计：

$$y=-194.708+0.766x_1+0.782x_2+1.229x_3$$

母牦牛体重用以下公式由 2 个体尺性状估计：

$$y=-118.956+0.910x_1+1.106x_3$$

式中：y 为体重（kg），x_1 为体高（cm），x_2 为体长（cm），x_3 为胸围（cm）。

大通牦牛体重平均世代进展：6 月龄为 5.59 kg，18 月龄为 9.66 kg。

2. 生产性能水平　大通牦牛成年公牦牛体高（121.3±6.7）cm，体斜长（142.5±9.8）cm，胸围（195.6±11.5）cm，管围（19.2±1.8）cm，体重

（381.7±29.6）kg；成年母牦牛体高（106.8±5.7）cm，体斜长（121.2±8.4）cm，胸围（153.5±8.4）cm，管围（15.4±1.6）cm，体重（220.3±27.2）kg。

6月龄全哺乳公犊体重平均117 kg，屠宰率为48%～50%，净肉率为36%～38%；18月龄公牦牛平均体重150 kg，屠宰率为45%～49%，净肉率为36%～37%；成年公牦牛平均体重387 kg，屠宰率为46%～52%，净肉率为36%～40%。骨肉比1∶3.6，眼肌面积58.28 cm²。

153 d泌乳量（262.2±20.2）kg（不包括犊牛吮食的1/3或1/2乳量），乳脂率（5.77±0.54）%，乳蛋白（5.24±0.36）%，乳糖（5.41±0.45）%，干物质（17.86±0.52）%。

年剪（拔）毛一次，成年公牦牛毛绒产量平均为1.99 kg，母牦牛毛绒产量平均为1.53 kg，3岁以下牦牛毛绒产量平均为1.12 kg。

大通牦牛的繁殖有明显的季节性，发情配种集中在7—9月。公牛18月龄性成熟，24～28月龄公牦牛可正常采精，平均采精量4.8 mL。自然交配时公母比例为1∶（25～30），可利用到10岁左右。母牛初配年龄大部分为24月龄，少数为36月龄。总受胎率70%，犊牛成活率为95%～97%。母牦牛一年一产占60%以上；发情周期为21 d，发情持续期为24～48 h，妊娠期为250～260 d。

大通牦牛新品种由于其稳定的遗传性和良好的产肉性能，优良的抗逆性和对高山高寒草场的适应能力，深受牦牛饲养地区牧民的欢迎。在新品种培育过程中，边育种、边示范、边推广，对我国牦牛业发展产生了巨大推动作用和积极影响。建立的牦牛育种繁育体系，加速了新品种的育成和中国牦牛的改良进程。

二、大通牦牛杂交改良

改良方向是牦牛杂交改良中的根本问题。应当根据当地自然条件、社会和经济发展需求，需要与可能、客观与主观、当前与长远等的关系来综合考虑，因地制宜。牦牛杂交改良以肉用选育方向为主，根据被改良牦牛优良特性，兼顾乳用、毛用性能，同时应综合考虑其生态适应性、生产生活需要，以及饲养管理水平等。

以大通牦牛改良甘南藏族自治州当地牦牛为例进行效果分析。

（一）不同生长发育阶段体重、体尺比较

杂交改良F₁代犊牛体重及体长、体高、胸围等体尺指标均显著高于当地犊牛，说明杂交F₁代比当地犊牛生长发育速度快。犊牛从出生到6月龄生长

发育快，从 6 月龄到 12 月龄发育缓慢，但各年龄阶段改良牛生长发育速度均高于当地牦牛，改良效果明显。

（二）外貌特征

F_1 代体格健壮、紧凑、骨骼粗壮结实。头较当地牦牛硕大，眼大有神，有角者居多，角呈黑色，嘴齐且方、唇薄、鼻孔较家牦牛大，呈现向外向上的方向。头、颈结合良好，胸深较好，体躯矩形，尾大、毛长且蓬松，全身被毛密厚，腹侧裙毛密而长，黑色者居多。

（三）适应性

F_1 代性情活泼、行动敏捷、力量比当地牦牛大，自出生至相当长一段时间，稍有野性。在高寒阴湿的生态环境及放牧的饲养管理条件下，有较强的适应性，生长发育良好。表明大通牦牛适合在高寒牧区推广利用。如果配合较好的饲养管理条件与培育措施，改良效果将更加显著。

利用大通牦牛种公牛或冷冻精液改良甘南藏族自治州当地牦牛，其后代生长发育快，能明显提高 F_1 代生产性能。初选后，在 10—12 月犊牛 6 月龄（或 18 月龄）适时出栏是提高牦牛养殖效益的有效途径之一。

第二节　种间杂交改良

牦牛和普通牛种的杂交为种间杂交，属远缘杂交的范畴。牦牛的种间杂交在我国的西北、西南青藏高原的牧区、农区、半农半牧区普遍存在，杂交利用杂种一代 F_1（即犏牛）。但由于牦牛和普通牛种的种间杂交雄性不育，种间杂交只能是经济杂交或称为商品性杂交。

一、杂种优势的概念及意义

杂种优势是杂种性能优于双亲的一种现象，一般表现在生活力、抗逆性、抗病性及生产性能等多个方面，只要有一个方面杂种优于双亲，就称为具有杂种优势。由于杂种优势利用在牦牛生产上的巨大经济效益，它已成为牦牛育种工作的重要内容。牦牛具有高度耐寒和极强的采食能力，耐粗饲、耐劳，能很好地适应高海拔、低氧分压、日温差大、辐射强、冷季长、半年冰冻雪封、牧草生长期短、枯草期长的高寒草地生态环境，但生产性能低，生长速度慢。普通牛生长速度快，产肉、产乳性能好，但不适应高寒草地生态环境条件。一代杂种犏牛则既有较高的生产性能，又能适应高寒草地的环境条件，杂种优势十分明显，在高寒草地上是一种很好的家畜，但公犏牛不育。因此，杂种优势并不是杂种的一切性状优于双亲，而是某些性状优于双亲。

牦牛杂种优势利用包括种内杂种优势的利用和种间杂种优势的利用两个方面，既包括现有牦牛品种的选优提纯，又包括杂交父本（牦牛品种和普通牛品种）的选择和杂交工作的系统组织管理；同时还包括繁殖力的提高和杂种的培育，以及现有杂种的合理利用。总之，杂种优势利用是由众多技术和管理环节组成的一整套综合措施。

牦牛杂种优势利用是一项涉及面广而连续性强的复杂工作，必须切实加强宏观管理，需要周密地进行组织。各地区应在统一领导下，根据本地区牦牛资源、育种力量、草场及饲养条件、工作基础、经验教训等，制订出一套方案，有领导、有计划、有步骤地开展这项工作。

二、牦牛杂种优势利用的技术环节

（一）现有牦牛品种的选优和提纯

在牦牛育种工作中，要成功地开展杂交工作，获得显著的杂种优势，现有牦牛品种的选优提纯是一个最基本的环节。原因在于牦牛品种的基因纯合度较高，但在生产性能上所具有的优良基因种类少，频率低，能够在杂种中，特别是在牦牛品种间杂交时表现出较大的加性、显性、超显性和互作效应的基因就更少。因此，只有通过选优和提纯使牦牛品种的优良、高产基因的频率和主要性状上纯合子的基因型频率尽可能增加，个体间的差异减小，才能在杂交时产生较大的杂种优势。

（二）杂交用父本的选择

在牦牛的杂种优势利用中，一般用本地区的牦牛为母本，因为它们数量多，适应性强，容易在本地区示范推广。因此，基本上不存在对母本的选择问题。杂交父本或杂交组合的选择，实质上就是对父本的选择。

1. 选择父本注意事项

① 牦牛品种间杂交时，应选择与本地牦牛品种分布地区距离较远，来源差别较大，类型、特点不同，基因纯合程度较高的牦牛品种作父本。牦牛与普通牛杂交时，应选择经过高度培育的普通牛品种作父本。这些品种一般具有生长速度快、饲料利用率高、胴体品质好的特点，且这些性状的遗传力较高，公牛的优良特性能很好地遗传给杂种后代。

② 应选择与杂种类型相似的品种作父本。例如，生产肉用型杂种牦牛，应选择优良的肉用型普通牛品种为父本；生产乳用型杂种牦牛，应选择乳用型普通牛品种为父本。

③ 在三元杂交时，第一父本应考虑繁育性能是否与母本有较好的配合力，第二父本能否在生产性能上合乎杂种指标的要求。"一代乳用，二代肉用"的

杂交体系中，第一父本可选择乳用型普通牛种，第二父本选择肉用型普通牛种。

2. 常用种间杂交普通牛品种简介

（1）娟姗牛　娟姗牛（Jersey）属于小型乳用型牛种。

① 外貌特征：体型细致紧凑，轮廓清晰。头小而轻，两眼间距宽，额部凹，耳大而薄；角中等大小，琥珀色，角尖黑，向前弯曲。颈细小，有皱褶，颈垂发达；鬐甲狭窄，肩直立，胸深宽，背腰平直，腹围大，尻长、平、宽。后躯较前躯发达，呈楔形。尾帚细长，四肢较细，关节明显，蹄小。乳房发育匀称，质地柔软，乳静脉粗大而弯曲，乳头略小。被毛细短而有光泽，毛色有褐色、浅褐色及深褐色，以浅褐色最多。鼻镜及舌为黑色，嘴、眼周围有浅色毛环，尾帚为黑色。

② 生产性能：娟姗牛体格小，成年公牛体重为 650～750 kg，成年母牛为340～450 kg。犊牛初生重为 23～27 kg。娟姗牛性成熟早，通常在 24 月龄产犊。产乳量 3 500～4 000 kg，乳脂率平均为 5.5%～6.0%。乳脂肪球大，易于分离，乳脂黄色，风味好，其鲜奶及其奶制品备受欢迎。

③ 杂交改良效果：引入娟姗牛用来改良低乳脂率品种牛，可提高乳脂率，生产牛奶和黄油。同时，可以改良地方牛品种，提高其产奶量。

（2）安格斯牛　安格斯牛（Angus）属于小型肉牛品种。

① 外貌特征：安格斯牛无角，毛色有黑色和红色。体格低矮，体质紧凑、结实。头小而方，额宽，颈中等长且较厚，背线平直，腰荐丰满，体躯宽而深，呈圆筒形。四肢短而端正，全身肌肉丰满。皮肤松软，富弹性，被毛光泽而均匀，少数牛腹下、脐部和乳房都有白斑。

② 生产性能：成年公牛体重为 700～750 kg，成年母牛为 500 kg。犊牛初生重为 25～32 kg。成年公牛体高为 130.8 cm，成年母牛为 118.9 cm。安格斯牛具有良好的增重性能，日增重约为 1 000 g。早熟易肥，胴体品质和产肉性能均高。屠宰率一般为 60%～65%。安格斯牛 12 月龄性成熟，18～20 月龄可以初配。产犊间隔短，一般为 12 个月左右。连产性好，初生重小，难产极少。安格斯牛对环境的适应性好，耐粗、耐寒，性情温和，易于管理。在国际肉牛杂交体系中被认为是较好的母系。

③ 杂交改良效果：利用黑色安格斯牛与我国黄牛杂交，杂种一代牛被毛黑色，无角的遗传性很强。杂种一代牛体型不大，结构紧凑，头小额宽，背腰平直，肌肉丰满。初生重和 2 岁重比本地牛分别提高 28.71% 和 76.06%。安格斯牛由于体格中等，对黄牛改良后体高等增加不大，但该牛适应性强，耐寒抗病，用于改良肉品质，优势更加明显。

（3）西门塔尔牛　西门塔尔牛（Simmental）是世界上分布最广、数量最多的乳肉兼用品种之一。

① 体型外貌：西门塔尔牛毛色多为黄白花或淡红白花，一般为白头，身躯常有白色胸带和肷带，腹部、四肢下部、尾帚为白色。体格粗壮结实，前躯较后躯发育好，胸深，腰宽，体长，尻部长宽平直，体躯呈圆筒状，肌肉丰满，四肢结实，乳房发育中等，肉乳兼用型西门塔尔牛多数无白色的胸带和肷带，颈部被毛密集且多卷曲，胸部宽深，后躯肌肉发达。

② 生产性能：成年公牛体重为 1 100～1 300 kg，成年母牛为 650～800 kg。乳、肉性能均较好，平均产乳量为 4 070 kg，乳脂率 3.9%，生长速度较快，平均日增重可达 1.0 kg 以上，生长速度与其他大型肉用品种相近，胴体肉多，脂肪少而分布均匀，公牛育肥后屠宰率可达 65%。在半育肥状态下，一般母牛的屠宰率为 53%～55%。成年母牛难产率低，适应性强，耐粗放管理。

③ 杂交改良效果：用西门塔尔牛改良各地的黄牛，都取得了比较理想的效果。杂种牛外貌特征趋向于父本，额部有白斑或白星，胸深加大，后躯发达，肌肉丰满，四肢粗壮。牛的生长速度、育肥效果和屠宰性能较我国地方黄牛品种均有较大幅度的提高，产乳性能也有较大改进。

在相同条件下，西杂一代牛与其他肉用品种（夏洛来牛、利木赞牛、海福特牛）的杂种一代牛相比，肉质稍差，表现为颜色较淡、结构较粗、脂肪分布不够均匀。用西门塔尔牛改良黄牛形成的杂种一代母牛有很好的哺乳能力，能哺育出生长发育较快的杂交犊牛，是下一轮杂交的良好母系。在国外，这一品种牛既可以作为终端杂交的父系品种，又可以作为配套系母系的一个多功能品种。

（三）提高繁殖力

在牦牛与普通牛的种间杂交中，由于普通牛品种对高寒草地的生态环境条件适应性极差，牧民多采用普通牛的冷冻精液进行杂交。受胎率和繁殖成活率普遍偏低，制约着牦牛业生产效益的提高，必须集中力量研究参配母牦牛的质量、输精配种技术、环境条件等对杂种繁殖成活率的影响，提出改进措施，促进牦牛杂种优势利用工作的开展。

（四）杂种牛的培育

杂种有无优势或优势大小，除受杂交亲本遗传基础的影响外，与杂种牛所处的环境条件有着密切的关系。即使是同一杂交组合，在不同的培育条件下，所表现的杂种优势也不一样。优良基因的作用，必须要有一定的物质基础，在最基本的条件也无法得到满足的情况下，杂种优势不可能形成，有时反而不如低产的纯种牦牛。因此，应根据杂种牛及亲本的要求，尽量满足培育条件，才能做好杂种优势利用工作，才能发挥杂种牛的增产潜力，提高牦牛生产的效益。

三、杂交方式

牦牛与其他牛的种间杂交后代可表现出强杂种优势：生长发育快、早熟、适应范围扩大，世代间隔缩小，畜群周转加快，乳、肉产量大幅度提高，深受牧区、半农半牧区和邻近农区群众的欢迎。但是，种间杂交后代的雄性在1～3代虽有性欲表现，却不能产生正常活力的精子而无生育力。因此，公、母杂种牛不能横交固定其优势特性，随着杂交进程到三代以上，杂种公牛则逐渐恢复生育力，到四代杂种公牛皆有生育能力，但生产性能和适应性又返回而接近原级进父本情况。

（一）简单杂交

简单杂交是指牦牛与普通牛的两个品种间的杂交。可分为以普通牛为父本、牦牛为母本的正交和以牦牛为父本、普通牛为母本的反交两种形式。正交的一代杂种称为真犏牛，反交的一代杂种称为假犏牛，但在当地均简称为犏牛。不论正、反杂交的一代杂种，其雄性，即公犏牛都缺乏生育能力，可作为经济利用。母犏牛均可正常繁殖。母犏牛与公牦牛回交或与普通牛级进杂交，其二代杂种（尕利巴牛或称阿果牛、杂牛）雄性仍然无生育能力，只能经济利用；雌性F$_2$代均能正常繁殖，可继续与牦牛或普通牛回交或级进繁殖三代。三代以后的雄性杂种，随级进或回交代数的增高，其生育力获得逐步恢复。

（二）复杂杂交

复杂杂交是指牦牛和普通牛两个种内的三个品种间进行的杂交，即牦牛与普通牛品种杂交，产生F$_1$代犏牛，用能育的F$_1$代母犏牛再与第二个普通牛品种杂交，所得的二代杂种供经济利用或作为育种材料继续杂交用。有时也采用公牦牛与普通牛母牛杂交的反交方式，特别是在农牧交错区，多采用这种反交方式。

（三）轮回杂交

轮回杂交是指在牦牛和普通牛两个种内利用两个或两个以上的品种有计划地轮流杂交；在每次轮回杂交过程中，大部分杂种母牛继续繁殖，杂种公牛和一部分杂种母牛供作商品肉用。轮回杂交由于每代交配双方都具有相当大的差异，因此每代均能保持较高的杂种优势。只要参与杂交的品种纯度高且选择合适，这种杂交方法在牦牛生产上，特别是牦牛肉的生产上可获得较大的效益。

在生产中，利用野牦牛来改良家牦牛，对提高家牦牛生产力效果最为显著。野牦牛是家牦牛的近祖，与家牦牛相比，野牦牛体格比家牦牛大得多，成年野牦牛活重约为家牦牛的 2 倍。野牦牛生活在家牦牛难以生存的更严劣的环境中，其对高寒缺氧的环境适应力也比家牦牛强。首先用西门塔尔牛作父本，与家牦牛杂交，其后代将公牛作商品牛出栏，杂种母牛再与野牦牛回交，利用双父本交叉生产杂种牛。交替使用西门塔尔牛和野牦牛作父本，与杂种母牛进行杂交，连续生产杂种牛。

四、牦牛经济杂交利用繁殖模式

在甘肃省甘南藏族自治州牦牛产区已建立娟姗牛♂×牦牛♀（后代娟犏牛母牛产奶、公牛产肉）、安格斯牛♂×牦牛♀（后代安犏牛）、安格斯牛♂×犏牛♀经济杂交繁殖模式。12 月龄娟犏牛体重达 132 kg，成年娟犏牛日产奶 10～15 kg；12 月龄安犏牛体重达 156 kg，12 月龄三元杂交犏牛体重达 122 kg，均显著高于同龄牦牛体重（12 月龄牦牛体重 97 kg）。41～43 月龄高原世居黄牛、牦牛、犏牛的睾丸发育比较见表 4-1，牦牛经济杂交利用犏牛生产模式适用于海拔 2 000～3 200 m 高寒牧区推广应用。

表 4-1　41～43 月龄高原世居黄牛、牦牛、犏牛的睾丸发育比较

种类	睾丸重量（g）	睾丸大小（cm^3）
黄牛	80～120	11×6×5
牦牛	70～85	9×5×4
犏牛	60～75	8×4.5×4

利用娟姗牛、安格斯牛和野牦牛与家牦牛杂交产生 F_1 代 6 月龄公母牛体重显著高于 6 月龄牦牛体重（表 4-2），杂交 F_1 代犊公牛分别提高了 4.87%、2.28% 和 0.7%，杂交 F_1 代 6 月龄母牦牛分别提高了 4.98%、5.37% 和 1.66%。除管围和体斜长指标外，娟姗牛、安格斯牛和野牦牛杂交产生的 F_1 代 6 月龄公母牛体尺（体高、胸围）均显著高于 6 月龄牦牛体尺各项指标（$P<0.05$）。

表 4-2　牦牛杂交 F_1 代 6 月龄体尺、体重

性能指标	性别	组　别			
		娟犏牛	安犏牛	野牦牛♂×牦牛♀	牦牛
体重（kg）	♂	81.26±1.23	79.26±1.04	78.42±1.13	77.49±2.74
	♀	77.78±2.26	78.07±1.97	75.85±1.32	74.09±2.28

（续）

性能指标	性别	组　别			
		娟犏牛	安犏牛	野牦牛♂× 牦牛♀	牦牛
体高（cm）	♂	97.26±4.60	97.49±4.54	88.80±2.19	83.11±2.29
	♀	94.03±2.33	95.53±3.88	85.63±3.15	80.54±1.77
体斜长（cm）	♂	105.43±2.88	105.86±4.41	101.02±1.13	95.46±2.91
	♀	101.62±2.13	103.00±3.90	94.07±8.96	94.31±1.89
胸围（cm）	♂	126.54±4.81	121.89±3.50	117.33±3.20	114.91±2.14
	♀	124.40±2.14	118.60±4.56	117.83±3.31	111.49±1.98
管围（cm）	♂	13.90±0.49	13.93±0.53	13.38±0.87	12.82±0.38
	♀	13.62±0.64	13.67±0.41	13.10±1.05	12.67±0.95

牦牛繁殖调控篇

第五章 牦牛发情鉴定技术

发情是母牦牛最重要的生殖生理现象，也是母牦牛繁殖过程中的一个重要环节。母牦牛性成熟后，在发情季节内每间隔一定时间，就有成熟的卵子从卵巢内排出。随着卵子成熟与排出，母牦牛的行为活动、生理状态和生殖器官等方面都会发生很大变化。在此期间，母牦牛会具有一些表现，如精神不安、食欲减退、哞叫、主动接近公牛、有交配欲、相互爬跨、阴门肿胀、排出黏液（吊线）、排尿次数增多、尿液变稠等，母牛这些现象的出现可视为发情的到来。

第一节 母牦牛的发情与排卵

了解牦牛发情和排卵规律及特点，便于进行发情鉴定，以掌握和确定最适配种时间，提高受精率和配种受胎率，达到提高繁殖力的目的。

一、发情

（一）发情时的生理变化

能繁母牦牛完整的发情应具备以下 4 个方面的生理变化：①精神状态的变化。母牦牛食欲减退，兴奋或游走，泌乳期母牦牛产奶量下降。②出现性欲。母牦牛接近公牦牛或爬跨其他母牦牛，当别的母牦牛对其爬跨时站立不动，而有公牦牛爬跨时则有接纳姿势。③生殖器官的变化。阴唇充血肿胀，有黏液流出，俗称"吊线"。阴道黏膜潮红润滑，子宫颈勃起、开张和红润。④功能黄体消退。卵巢上功能黄体已经退化，卵泡已经成熟，继而排卵。

（二）异常发情

母牦牛的异常发情多见于初情期后、性成熟前，以及发情季节的开始阶段。导致异常发情的主要原因有营养不良、饲养不当和环境温度、湿度的突然改变。

1. 安静发情 又称安静排卵，即母牦牛卵巢上有正常卵泡成熟并排卵，但无任何发情表现的现象。分娩后处于第一个发情周期的母牛、带犊母牛、每日挤乳次数较多的母牛，以及体弱的母牛均易发生安静发情。当两次正常发情的间隔相当于发情周期的 2～3 倍时，即可怀疑中间有安静发情。引起安静发情的内部原因可能是生殖激素分泌不平衡。

2. 孕期发情　母牦牛在妊娠期仍有发情表现的现象。母牦牛在妊娠最初的 3 个月内，仍存在 3%～5% 的发情率。孕期发情有的表现不明显；有的卵泡可以发育到成熟，但不排卵；有的可以排卵甚至配种和孕期复孕。

3. 慕雄狂　母牦牛发情行为表现持续且强烈，发情期长短不规则，经常从阴户流出透明的黏液，阴户浮肿，荐坐韧带松弛，同时尾根举起，配种后不能受胎。导致慕雄狂发生的原因多与卵泡囊肿有关系，但患卵泡囊肿的母牦牛却并不都是慕雄狂。

4. 无排卵发情　母牦牛发情时具有外部表现，但不排卵，甚至无成熟卵泡。这种现象的主要原因是第一次发情时，卵巢上没有黄体，孕酮分泌量较少，引起卵泡发育不完全而不排卵，或者是初情期后的母牦牛发情时，垂体分泌促黄体生成素（luteinizing hormone，LH）量不足，也易引起无排卵发情。

5. 短促发情　表现为发情持续时间非常短，因不易察觉而错过配种机会。其原因可能是由于卵泡很快破裂、排卵，缩短了发情期，也有可能因卵泡发育受阻所致。

二、发情周期

发情周期是指相邻两次发情的间隔天数。母牦牛的发情周期平均为 21 d，范围在 16～25 d，但异常周期也较为常见。通常壮龄、膘情好的母牦牛发情周期较为一致，老龄、膘情差的母牦牛发情周期较长。从发情开始至发情结束所持续的时间称为发情持续期，即母牦牛集中出现发情表现的阶段。母牦牛发情持续期为 1～2 d，持续期的长短受年龄、体况、天气等因素的影响。牦牛发情具有普通牛的一般特征，但不如普通牛种明显。

牦牛发情周期受激素分泌调节，并根据母牦牛的精神状态、行为活动、卵巢和阴道上皮细胞的变化情况可将发情周期分为发情前期、发情期、发情后期和间情期（休情期）4 个时期，其中发情前期、发情期和发情后期属于发情持续期。还可根据卵巢上卵泡发育情况和排卵规律，将发情周期划分为卵泡期和黄体期。

（一）四分法

1. 发情前期（proestrus）　正常情况下，未妊娠的性成熟母牦牛在繁殖季节 18～24 d 发情一次。按母牦牛发情周期平均 21 d 计算，如果以发情表现开始出现时为发情周期第 1 天，则发情前期相当于发情周期第 19 天至第 21 天。

此期间，雌激素分泌增加，孕激素水平逐渐降低；黄体退化或萎缩，卵泡开始发育；生殖道上皮增生和腺体活动增强，黏膜下层组织开始充血，子宫颈和阴道的分泌物增多。发情前期母牦牛的表现主要有翘鼻、努嘴，嗅舔其他母牦牛的外生殖器官，用头顶其他母牦牛的臀部，试图爬跨其他母牦牛，追寻其他母牦牛并与之为伴；同时，表现敏感、兴奋不安、好动、哞叫，阴门湿润且有轻度肿胀。发情母牦牛被其他母牦牛爬跨时站立不稳是这一阶段的主要标志。

2. 发情期（estrus） 有明显发情表现的时期，相当于发情周期第 1 天至第 2 天。主要表现为敏感、精神兴奋、不停哞叫、频繁走动、体温升高、食欲减退；两耳直立，弓背，腰部凹陷，荐股上翘，嗅闻其他母牛的生殖器官，爬跨其他母牛，因爬跨致使尾根部被毛蓬乱，在被其他母牛爬跨时站立不动，愿意接受交配；阴门红肿、外阴充血、肿胀，并有透明黏液流出，尾部和后躯有黏液；阴道上皮逐渐角质化，并有鳞片细胞脱落；子宫充血、肿胀，子宫颈后肿胀、开张，子宫肌层收缩加强、腺体分泌增多；卵泡发育较快、体积增大，雌激素分泌逐渐增加，孕激素分泌逐渐降低。发情期的持续时间为 6~18 h。母牦牛接受其他牛的爬跨是这一阶段发情表现的最明显特征，也是判断母牦牛发情的最佳时期。

3. 发情后期（metestrus） 发情表现逐渐消失的时期，相当于发情周期第 3 天至第 4 天。母牦牛精神兴奋状态逐渐转入抑制；外阴肿胀逐渐减轻并消失，从阴道中流出的黏液逐渐减少并干涸；阴道表层上皮脱落，释放白细胞至黏液中；卵泡破裂、排卵，并开始形成新的黄体，孕激素分泌逐渐增加；子宫收缩和腺体分泌均减弱，黏液分泌量减少而变黏稠，黏膜充血现象逐渐消退，子宫颈口逐渐收缩、关闭。发情后期可持续 17~24 h，母牦牛表现出与发情早期相似的特征，食欲逐渐恢复，不再愿意接受爬跨。

4. 间情期（diestrus） 间情期又称为休情期，指一次发情结束至下次发情到来的这段时间，相当于发情周期第 4 天或第 5 天至第 18 天。母牦牛精神状态完全恢复正常，发情表现完全消失，无交配欲，生殖器官处于相对稳定状态。间情期开始时，卵巢上的黄体逐渐生长、发育至最大，孕激素分泌逐渐增加至最高水平；子宫角内膜增厚，表层上皮呈高柱状，子宫腺体高度发育，大而弯曲，且分支多，分泌活动旺盛。随着时间的进程，增厚的子宫内膜回缩，呈矮柱状，腺体变小，分泌活动停止；黄体发育停止，并开始萎缩，孕激素分泌量逐渐减少。

（二）二分法

1. 卵泡期（follicular phase） 卵泡期指卵泡从开始发育至发育完全并破

裂、排卵的时间间隔。母牦牛持续 6～7 d，约占整个发情周期（21 d）的 1/3，相当于发情周期第 18 天至下次发情的第 2 天或第 3 天。卵泡期内，卵泡逐渐发育、增大，血液雌激素分泌量逐渐增加；黄体消失，血液孕激素水平逐渐降低。由于雌激素的作用，母牦牛出现发情特征，外阴逐渐充血、肿胀；子宫内膜肥大，子宫颈上皮细胞生长、增高呈高柱状；深层腺体分泌活动逐渐增强，黏液分泌量逐渐增多，基层收缩活动逐渐增强，管道系统松弛。与四分法比较，卵泡期相当于发情周期的发情前期至发情后期的时期。

2. 黄体期（luteal phase） 黄体期指黄体开始形成至消失的时期。在发情周期中，卵泡期与黄体期交替出现。卵泡破裂后形成黄体，黄体逐渐发育，待生长至最大后又逐渐萎缩，直至消失，新的卵泡又开始发育。黄体期内，在大量黄体分泌的孕激素的作用下，子宫内膜进一步生长、发育、增厚，血管增生，肌层继续肥大，腺体分支、弯曲，分泌活动增加。与四分法相比，黄体期相当于大部分的休情期。

三、发情的基本规律

（一）初情期、性成熟和体成熟

1. 初情期 母牦牛第一次发情和排卵的年龄被认为是初情期。由于初情期母牦牛的生殖器官尚未发育成熟，虽具有发情表现，但发情表现不完全，发情周期不正常。母牦牛第一次发情多表现为安静发情，这实际上是性成熟的开始。经过初情期后的一定时间，母牦牛才达到性成熟。牦牛初情期一般为 1.5～2.5 岁，个别营养条件好的母牦牛在 10～12 月龄有性行为显露。初情期的年龄受牦牛品种、营养、气候环境等因素影响。凡是阻碍牦牛生长的因素，都会延迟母牦牛的初情期。

2. 性成熟 性成熟是指牦牛生殖器官已基本发育完全，具备了繁殖能力。到性成熟时，母牦牛开始出现正常的发情，能产生成熟的卵子。母牦牛 2～3 岁达到性成熟，在此之前，虽有发情表现并能受孕，但生殖器官尚未发育完全。

3. 体成熟 体成熟是指牦牛全身各部分器官的发育都达到完全成熟，具备了成年牦牛所固有的形态结构和生理机能。母牦牛 3～4 岁达到体成熟。

（二）发情规律

1. 初配年龄 由于体成熟较性成熟晚，牦牛的身体在性成熟期仍在继续发育，所以性成熟期并不等于配种适龄期，适宜的初配年龄应根据牦牛的生长发育状况而定。过早的配种会影响母牦牛的自身发育，造成后代生长发育不良或引起难产。但配种过迟，不仅不能充分发挥母牦牛的作用，增加养牛业的饲养成本，而且会降低母牦牛生殖机能。通常母牦牛的初配年龄是 2.5～3.5 岁。

2. 发情季节　牦牛的繁殖有明显的季节性，6—11 月为发情季节，其中 7—9 月为发情旺季。非当年产犊的母牦牛，第一次发情的时间多集中于 7—8 月，带犊哺乳母牛发情多在 9 月以后。同时，母牦牛的发情季节受当地海拔、气候、牧草质量及个体状况等因素的影响。

3. 产后发情　母牦牛产后第一次发情的间隔时间受产犊时间的影响较大，产犊月份距发情季节越远，产后发情的间隔期则越长，平均为 125 d。3—6 月产犊的母牦牛至产后第一次发情的间隔时间为 75～131 d，7 月份以后产犊和产乳多或膘情差的母牦牛当年不易发情，至翌年发情季节才能发情。

四、排卵

(一)排卵机制

排卵是指卵巢内发育成熟的卵泡破裂，卵子随卵泡液排出的生理过程。在排卵前，卵泡体积不断增大，卵泡液增多。增大的卵泡开始向卵巢表面突出时，卵泡表面的血管增多，而卵泡中心的血管逐渐减少。接近排卵时，卵泡壁的内层经过间隙突出，形成一个半透明的乳头斑。乳头斑上完全没有血管，且突出于卵巢表面。排卵时，乳头斑的顶部破裂，释放卵泡液和卵丘，卵子被包裹在卵丘中而被排出卵巢外，然后被输卵管伞接纳。

(二)黄体的形成与退化

排卵后，破裂的卵泡腔立即充满淋巴液和血液，以及破碎的卵泡细胞，形成血体或红体。血体形成后经 6～12 h，颗粒层内出现黄色颗粒，红体被吸收变为黄体。黄体细胞有三种来源，一是血体中的颗粒层细胞增生变大，并吸取类脂质而变成黄体细胞；二是卵泡内膜分生出血管，布满于发育中的黄体，随着这些血管的分布，含类脂质的卵泡内膜细胞移至黄体细胞之间，参与黄体细胞的形成，成为卵泡内膜细胞来源的黄体细胞；三是一些来源不明的黄体细胞。黄体细胞增殖所需的营养物质，最初由血体提供。之后，随着卵泡内膜来源的血管伸进黄体细胞之间，黄体细胞增殖所需的营养则改由血液提供。一般在母牦牛发情周期（21 d）的第 8～9 天，黄体达到最大体积。如果配种未孕，则此时的黄体称为周期性黄体（或假黄体），经一段时间（排卵后第 12～17 天）则退化消失。如果妊娠，黄体继续存在并稍有增大，称为妊娠黄体（或真黄体），并分泌孕酮，维持妊娠生理的需要，直到妊娠结束时才退化。黄体是机体中血管分布最密的器官之一，其分泌机能对于维持妊娠和卵泡发育的调控起重要作用。

（三）排卵数和排卵类型

牦牛属于自发性排卵的家畜，卵巢内的成熟卵泡自发排卵和自动形成黄体。在一个发情期中，母牦牛两侧卵巢所排出的卵子数，称为排卵数。通常在每个发情期，牦牛只排一个卵子。其排卵率受许多因素的影响，如品种、年龄、营养等。若在发情前给以高水平的营养或用于激素处理与诱导，可增加排卵数目。

第二节　母牦牛发情鉴定方法

通过发情鉴定，可以判断母牦牛发情所处阶段和程度，以便适时配种或输精，提高母牦牛受胎率和繁殖效率。发情鉴定有多种方法，主要是根据牦牛发情时的外部行为表现和内部生理变化（如卵巢、生殖道和生殖激素）进行综合判断。

一、外部观察法

外部观察法主要根据母牦牛发情时的外部表现及牛的爬跨行为进行，是对母牦牛进行发情鉴定最常用的一种方法。母牦牛开始发情时，往往有公牦牛跟随，欲爬跨，但母牦牛不接受，兴奋不安，常常叫几声，此时阴道和子宫颈呈轻微的充血肿胀，流出少量透明黏液；之后母牦牛黏液逐渐增多，不安定，公牦牛或其他母牦牛跟随，但母牦牛尚不接受爬跨。发情盛期时，母牦牛很安定，愿意接受公牦牛爬跨，并经常由阴道流出透明黏液；子宫颈呈鲜红色，明显肿胀发亮，开口较大。发情盛期之后，虽仍有少数公牦牛跟随，但母牦牛已不愿接受公牦牛跟随，公牦牛一爬跨，母牦牛往往走开一两步；黏液变成半透明，即透明黏液中夹有一些不均的乳白色黏液，量较少，黏性较差；子宫颈的充血肿胀度已减退，最后黏液变成乳白色，似浓炼乳状，量少。此后，母牛恢复常态，如公牦牛跟随，母牦牛拒绝接受爬跨，表示发情已停止。

二、阴道检查法

阴道检查法就是根据阴道黏膜的色泽、子宫颈口开张情况和黏液性状，判断母牦牛发情程度的方法。通常借助开膣器插入母牦牛阴道，观察子宫颈口的状态。由于阴道检查法不能准确判断母牦牛的排卵时间，只能作为一种牦牛发情鉴定的辅助方法。

母牦牛发情周期中阴道黏膜色泽、子宫颈状态和黏液性状的变化有一定的规律性。观察这些性状的变化，对于发情鉴定有一定的参考价值。在发情初期，阴道黏膜呈粉红色、无光泽、有少量黏液，子宫颈外口略开张。发情高潮期阴道黏膜潮红，有强光泽和润滑感，阴道黏液中常常有血丝，子宫颈外口充血、肿胀、松弛、开张，此期末输精较为合适。发情末期阴道黏膜色泽变淡，黏液量少而黏稠，子宫颈外口收缩闭合。黏液的流动性取决于其酸碱度，黏液碱性越大则越黏，间情期的阴道黏液比发情期的碱性要强，故黏性大。在发情开始时，黏液酸性最高，故黏性最差。在发情盛期，碱性增至最高，故黏性最强，呈玻璃状。

三、直肠检查法

直肠检查法是操作者将手伸进母牦牛的直肠内，隔着直肠壁触摸检查卵巢上卵泡发育的状态，以便确定配种适宜期。直肠检查法是目前判断母牛发情比较准确且最常用的方法，但对操作者的技术水平要求比较高。

（一）母牦牛的卵泡发育

牦牛的卵泡发育可分为四期：

第一期，卵泡出现期。卵巢稍有增大，卵泡直径为 0.5～0.75 cm，触诊时有软化点、波动不明显。此期持续 6～10 h，一般母牦牛已开始出现发情特征，但此期不予配种。

第二期，卵泡发育期。获得发育优势的卵泡迅速增大体积，卵泡直径 1～1.5 cm，呈球形突出于卵巢表面，略有波动。持续期 10～12 h。母牦牛的发情表现由显著到逐渐减弱，此期一般不配或酌情配种。

第三期，卵泡成熟期。卵泡体积不再增大，卵泡壁变薄、紧张、波动明显，直肠检查时有一触即破之感。经过 6～18 h 排卵，母牦牛的发情表现由微弱到消失。此期是配种最佳期。

第四期，排卵期。卵泡破裂排卵，卵泡液流失，卵泡壁变为松软，并形成一个小的凹陷。排卵后 6～8 h 即开始形成黄体，再也摸不到凹陷。排卵发生在性欲消失后 10～15 h。夜间排卵较白昼多，右侧卵巢排卵较左侧多。此期不宜再配。

（二）检查方法

直肠检查时，操作者将手伸进直肠，然后根据母牦牛卵巢在体内的解剖部位寻找卵巢，触摸卵泡的变化情况。牦牛的卵巢、子宫部位较浅，生殖器官集中在骨盆腔内，直肠检查时掏出宿粪之后，将手伸入直肠约一掌左右，掌心向下寻找到子宫颈（似软骨样感觉），然后顺子宫颈向前，可触摸到子宫体及角间沟，再稍向前在子宫大弯处的后方即可触摸到卵巢。此时便可仔细触摸卵巢的大小、质地、性状和卵泡发育情况。摸完一侧卵巢后，再将手移至子宫分叉部的对侧，并以同样的方法触摸另一侧卵巢。

第三节 影响母牦牛发情的因素

发情最终达到的理想效果是有效排卵，进而通过配种或人工授精达到受精、妊娠和产犊的目的。母牦牛发情后，如果配种受精，便开始妊娠，发情周期自动终止。如果没有配种或配种后未妊娠，便继续进行周期发情。影响母牦牛发情周期的因素有遗传、环境和饲养管理因素等。

一、品种因素

不同牦牛品种，其初情期的早晚及发情的表现不尽相同。一般情况下，体格大的牦牛初情年龄晚于体型小的牛种。

二、自然因素

由于自然地理因素的作用，不同区域的牦牛品种经过长期的自然选择和人工选育，形成了各自的发情特征。母牦牛发情持续时间长短亦受气候因素的影响。高温季节母牦牛的发情持续期要比低温季节短。同时，随海拔的升高，母牦牛发情时间会推迟。

三、营养水平

营养水平是影响母牦牛初情期和发情表现非常重要的因素，自然环境对母牦牛发情的影响在一定程度上亦是营养水平的变化所致。高寒牧区放牧饲养的母牦牛，当饲料不足时，发情持续期也比半农半牧区或农区饲养的母牦牛短。一般情况下，良好的饲养水平可以增加牦牛的生长速度，提早牦牛的性成熟，也利于牦牛的发情表现。牦牛的体重变化与初情期有直接的关系。因此，在良好的饲养管理条件下，牦牛的健康生长有利于牦牛的性成熟。在牦牛自然采食的牧草中，可能含有一些物质影响牦牛的初情期和经产牦牛的再发情，如存在于豆科牧草（如三叶草）中的植物雌激素，就可能影响牦牛的发情特征。

四、生产水平和管理方式

母牦牛的发情表现与生产性能有关。过度肥胖的母牦牛，其发情特征往往不明显，这可能与激素分泌有关。在生产上，母牦牛产后恢复发情的时间间隔与牦牛饲养管理措施有关。对于营养差、体质弱的母牦牛，其间隔时间也较长。母牦牛产前、产后分别饲喂低、高能量饲料可以缩短第一次发情间隔，如产前喂以足够能量而产后喂以低能量饲料，则第一次发情间隔延长。有一部分牦牛在配种季节不发情，如果这部分牦牛要提前配种，必须尽可能采取措施，如提早断奶、早期补饲等，使母牦牛提前发情。

第四节　同期发情技术

同期发情（synchronous estrus）又称为同步发情，是利用激素或类激素人为地处理母牦牛，使其在特定时间内集中发情，并排出正常的卵母细胞，以便达到集中配种和共同受胎的目的。同期发情的关键是人为控制黄体寿命，同时终止黄体期，使牛群中经处理的牦牛卵巢同步进入卵泡期，从而使之同时发情。同期发情是针对群体而言，主要用于周期性发情的母牦牛，同时也用于乏情状态的母牦牛，经激素处理后在特定时间内同时发情。

一、同期发情技术的意义

同期发情技术在牦牛生产中的主要意义是便于组织生产和管理，提高牛群的发情率和繁殖率。另外，同期发情技术有利于人工授精技术的进一步推广，同时也是胚胎移植技术的重要环节。

（一）有利于人工授精的推广

人工授精因牛群分散或交通不便而受到限制，如果能在短时间内使牛群集中发情，就可以根据预定的日期定期集中配种，使人工授精技术更迅速、更广泛地得到应用。

（二）便于母牦牛的组织管理和生产

控制母牦牛同期发情，可使其配种、妊娠、分娩及犊牛的培育相对集中，便于牛群组织管理，从而高效地进行饲养与生产，节约劳动力和饲养成本，从而对降低管理费用具有很大的经济意义。

（三）可提高牦牛繁殖率

同期发情技术不仅能应用于发情周期正常的母牦牛，而且也可使乏情状态的母牦牛出现性周期活动，缩短母牦牛的繁殖周期，提高牦牛群繁殖率。

二、同期发情的机制

从卵巢的机能和形态变化方面，可将母牦牛的发情周期分为卵泡期和黄体期两个阶段。卵泡期是在周期性黄体退化继而血液中孕酮水平显著下降后，卵巢中卵泡迅速生长发育，最后成熟并导致排卵的时期，是牦牛发情周期中的第

18～21 天。卵泡期之后，卵泡破裂并发育成黄体，随即进入黄体期，是牦牛发情周期中的第 1～17 天。黄体期内，在黄体分泌的孕激素作用下，卵泡发育成熟受到抑制，母牦牛不表现发情，在未受精的情况下，黄体维持 15～17 d即自行退化，随后进入另一个卵泡期。相对高的孕激素水平可以抑制卵泡发育和发情，黄体期的结束是卵泡期到来的前提条件。因此，同期发情的关键就是控制黄体寿命，并同时终止黄体期。

同期发情技术主要有两种。一种是向母牛群同时施用孕激素，抑制卵泡的发育和母牦牛发情，经过一定时期同时停药，随之引起同期发情。这种方法，在施药期内，如黄体发生退化，外源孕激素代替了内源孕激素（黄体分泌的孕激素），造成了人为黄体期，推迟了发情期的到来。另一种是利用前列腺素 $F_{2\alpha}$ 使黄体溶解，中断黄体期，从而提前进入卵泡期，使发情提前到来。

三、同期发情技术在牦牛生产中的应用

同期发情不但可应用于周期性发情的母牦牛，而且也能使乏情状态的母牦牛出现性周期活动。卵巢静止的母牦牛经过孕激素处理后，很多表现发情。因持久黄体存在而长期不发情的母牦牛，用前列腺素处理后，由于黄体消散，生殖机能随之得以恢复。因此，同期发情可以提高牦牛繁殖率。用于母牦牛同期发情的药物种类很多，处理方案也有多种，但较适用的是孕激素阴道栓塞法和前列腺素及其类似物处理法。

（一）孕激素阴道栓塞法

阴道栓塞物可以使用包含一定量的孕激素制剂的泡沫塑料块或硅胶橡胶环。将栓塞药物放在子宫颈外口处，其中激素即可渗出。处理结束时，将其取出即可，或同时注射孕马血清促性腺激素。孕激素处理结束后，在第 2～4 天内大多数母牦牛的卵巢上有卵泡发育并排卵。孕激素的处理有短期（9～12 d）和长期（16～18 d）两种。长期处理后，发情同期率较高，但受胎率较低；短期处理后，发情同期率较低，而受胎率接近或相当于正常水平。

（二）前列腺素及其类似物处理法

前列腺素处理的机制是溶解卵巢上的黄体，中断周期黄体发育，使母牦牛同期发情。前列腺素的投药方法分为子宫注入（用输精器）和肌内注射两种。子宫注入用药量少，效果明显，但注入时较为困难；肌内注射操作简单，但用药量需适当增加。前列腺素处理法仅对卵巢上有功能性黄体的母牦牛起作用，只有当母牦牛在发情周期第 5～18 天（有功能黄体期）才能产生发情反应。对于周期第 5 天以前的黄体，前列腺素并无溶解作用。因此，前列腺素处理后，总有少数牛无反应，需做二次处理。有时为使一群母牦牛有最大限度的同期发

情率，第一次处理后，表现发情的母牦牛不予配种。经 10～12 d 后，再对全群牛进行第二次处理，这时所有的母牦牛均处于发情周期第 5～18 天之内。第二次处理后，母牦牛同期发情率显著提高。用前列腺素处理后，从投药到黄体消退需要近 1 d 时间，一般在第 3～5 天母牦牛出现发情，比孕激素处理晚 1 d。

（三）孕激素和前列腺素结合法

将孕激素短期处理与前列腺素处理结合起来，效果优于二者单独处理。即先用孕激素处理 5～7 d 或 9～10 d，结束前 1～2 d 注射前列腺素。目前，用于牦牛同期发情的药物主要有激素和中药制剂两大类，激素主要包括促性腺激素释放激素（GnRH）及其类似物、前列腺素（$PGF_{2\alpha}$）及其类似物、促性腺激素类。处理方法有单激素处理、激素组合处理、中药制剂处理等，其中激素组合处理方法有三合激素法、前列腺素（$PGF_{2\alpha}$）＋促性腺激素法、GnRH 类似物＋促性腺激素法等。给药途径有肌内注射、阴道栓埋植和灌服法。处理次数有一次处理和二次处理，其中二次处理发情率高于一次处理。由于牦牛同期发情受生殖生理状况、激素种类、激素剂量、处理方法及营养水平等因素的影响，目前报道的牦牛同期发情率差异很大，从 0 到 100％不等。牦牛同期发情受牦牛自然繁殖规律的制约性强。因此，在今后研究与应用中，应严格遵从牦牛繁殖特性与自然繁殖规律，这样才能使牦牛同期发情技术广泛应用于生产实际。

无论采用什么处理方式，处理结束时配合使用 3～5 mg 促卵泡素（FSH）、700～1 000 IU 孕马血清促性腺激素（PMSG）或 50～100 μg 促排卵 3 号（LRH－A_3），可提高处理后的同期发情率和受胎率。同期发情处理后，虽然大多数牦牛的卵泡正常发育和排卵，但不少牦牛无外部发情表现和性行为表现，或表现非常微弱，其原因可能是激素达到平衡状态。第二次自然发情时，其外部特征表现、性行为和卵泡发育则趋于一致。尤其是单独 $PGF_{2\alpha}$ 处理，对那些本来卵巢静止的母牛，甚至很差或无效。这种情况多发生在枯草季节或产后的一段时间，这也是牦牛同期发情处理效果不理想的主要原因。

四、影响同期发情效果的因素

（一）母牦牛生殖状况

被处理母牦牛的体况，是影响同期发情效果的关键。影响因素主要包括年龄、体质、膘情、生殖系统健康状况等。适宜的同期发情处理方法，只有在被处理母牦牛身体状况良好、生殖机能正常、无生殖道疾病、获得良好的饲养管理且公母牦牛分群饲养时，才能获得较好的结果。

（二）合理的处理条件

由于牦牛生存环境的特殊性和枯草期相对较长，必须在繁殖季节开展牦牛同期发情，处理方案也不同于奶牛和肉牛的。精液质量也是获得高受胎率的关键。另外，同期发情处理所用药品必须保证质量。

（三）输精人员的技术水平

同期发情短时间内需给多头母牦牛输精，输精人员需要一定的技术和体力。因此，需要培养一批体质好的技术人员，以确保能在短时间内准确、有效地给发情母牦牛输精。

（四）补饲情况

补饲能够明显维持和提高牦牛围产期前后的营养状况，有效促进产后牦牛发情周期的恢复，促进牦牛在繁殖季节出现自然发情表现，从而使产后牦牛获得较高的自然发情率和妊娠率。对产后牦牛在隔离哺乳及围产期补饲的基础上，采用隔离哺乳加围产期补饲的同期发情处理，能够显著提高产后牦牛的同期发情效果及整个繁殖季节的发情和妊娠效果。

（五）配种后母牦牛的饲养管理

同期发情输精后，应注意提供适当的饲料，使母牦牛和胎儿有足够的营养保证，坚决杜绝饲喂霉变饲料。在一段时间内，放牧时不能急促驱赶母牦牛，以免受精卵不能着床和早期流产，影响受胎率。

第六章　牦牛人工授精技术

人工授精（artificial insemination，AI）是以人工的方法利用器械采集公牛的精液，经品质检查和处理后，再利用器械把精液输送到母牛生殖道内特定部位，以达到妊娠的目的，从而代替自然交配的一种繁殖技术。牦牛人工授精技术的基本程序包括采精、精液品质评定、精液的稀释和处理、精液的冷冻保存、冷冻精液的贮存与运输、输精等技术环节。人工授精不仅有效地改良了牦牛的交配过程，更重要的是提高了优良公牦牛的配种效能。该技术高效地利用了优良种公牦牛个体的遗传资源，极大地推进了遗传进展，并提高了繁殖效率。

第一节　采　　精

采精是人工授精技术的开始环节，充分做好采精前的准备，正确运用采精技术，合理安排采精时间是保证采到多量、优质精液的重要条件。

一、采精前的准备工作

（一）采精器具的准备
使用含有洗涤剂的温热溶液刷洗采精器，自来水冲洗后再用纯净水冲洗，晾干备用；在热水中用洗涤剂刷洗玻璃器皿（也可用超声波清洗仪清洗），自来水冲洗后再用纯净水冲洗，放入恒温鼓风干燥箱中 160 ℃恒温 90～120 min 灭菌；使用 75％酒精棉球擦拭常用金属器械，待酒精挥发后方可使用；使用紫外线消毒冻精细管和纱布袋。

（二）采精场地的准备
选择安静、宽敞、平坦、清洁的场所作为采精场地，地面铺设防滑设施，配备采精架以保定台畜。

（三）采精台畜的准备
台畜应选择健康、体壮、大小适中、性情温驯的发情母牦牛，将其拴系于采精架内。将台畜的外阴、肛门、尾根部用自来水清洗干净。

二、采精技术实施

（一）采精季节的选择

通常选择每年7—10月作为采精季节。由于牦牛具有特殊的繁殖特性，其采精季节明显不同于奶牛、肉牛等其他牛种。

（二）采精公牦牛的选择

符合品种特征，具有种用价值，等级评价为特级或一级，健康无遗传疾病，年龄4岁以上，经过调教。公牦牛虽然3岁就开始配种，但未达到体成熟，10岁以上配种能力减弱，种用价值降低。因此，采精公牦牛年龄以4～10岁为宜。

1. 采精公牦牛的调教　在对公牦牛进行调教前，应选用合适的调教员。调教员应选择有饲牧牦牛经验，并且熟悉牦牛生活习性的牧工，要求体健、胆大、责任心强。用诱食的方法来接近公牦牛，逐步将绳索套于公牦牛颈部进行拴系管理。拴系牦牛后，逐步靠近，进行抚摸、刷拭，为消除采精及使用假阴道时公牦牛的恐惧。在刷拭牛体的同时，逐步抚摸睾丸、牵拉阴茎及包皮，并在远处（牛视线内）置饲草，牵引公牦牛采食，并多次重复。调教员在饲养管理工作中要穿固定的工作服，以维持公牛对其的熟悉感。调教员在饲养管理中常手持形似牛假阴道的器具，使公牛熟悉采精器械。对未自然交配过的公牦牛，在调教中要使其逐步接近、习惯采精架，将发情母牦牛固定在架内进行交配。在爬跨交配的同时，调教员可同时抚摸牛的尻部、臀部及牵拉阴茎、包皮等。在自然交配2次后，即进行假阴道采精训练。

调教公牦牛时注意以下事项。要反复进行调教训练，耐心诱导，切勿使用恐吓、强迫、抽打等不良手段，以防止造成公牦牛性抑制；做好公牦牛外生殖器的清洁卫生；选择早上进行调教，公牛精力充沛，性欲旺盛；实施调教的时间、地点要固定，每次调教时间不宜过长。

2. 影响公牦牛采精效果的因素

（1）采精年龄　公牦牛性成熟在3岁左右，此时采精量很少，4岁达体成熟开始采精。从6岁到7岁，采精量急剧增多且达到峰值，表明这一阶段公牦牛生殖系统的机能已完善。从7岁至8岁，采精量急速下降，说明公牦牛采精量高峰期持续时间短。8岁以上公牦牛由于体大笨重，性欲不如以往强烈，从嗅闻母牦牛阴部黏液至爬跨时间拉长，不易爬跨，且失败次数增多。通过对8岁以上种公牦牛采精量的跟踪测定显示，其采精量急速下降、采精难度增加、繁殖力迅速减退至自然交配公牦牛。因此，公牦牛配种年龄应控制在4～8岁，以5.5～7.5岁配种力较强。

（2）季节因素 6月份采精时，公牦牛尚未从严酷枯草期（每年11月份至次年5月下旬）造成的身体营养亏损中恢复，性行为强度低（性行为强度以配种次数和射精量大小来衡量）。7月份牧草处于生长期，平均气温较高，影响了公牦牛的采食量，同时炎热环境有抑制性行为强度的作用。8、9月份，环境温度、营养水平处于一年中的最佳时机。经历8、9月份的营养积累，10月份牧草丰厚的营养供应为采集更多的精液提供了物质基础，凉爽的气候条件为高质量精液的产出创造了适宜的温度环境。

3. 公牦牛的性准备 通过嗅闻发情母牦牛，或在台牛尻部涂抹发情母牦牛的黏液，让公牦牛进行空爬，诱导公牦牛性兴奋，待公牦牛性欲旺盛时进行采精。

（三）采精器安装

采精器由外壳、内胎、集精杯和附件组成。外壳由硬橡胶、金属或塑料制成。内胎为弹性强、柔软无毒的橡胶筒，装在外壳内，构成采精器内壁。集精杯由暗色玻璃或橡胶制成，通过三角漏斗装在采精器的一端。附件有固定内胎的胶圈、保定用的三角保定带、充气用的活塞和双联球、连接集精杯的三角漏斗。

采精器内提前注入38℃左右的温水；用75%的酒精棉球消毒采精器内胎及三角漏斗，待酒精挥发后，将三角漏斗安装于采精器上，接上集精杯，套上保护套；并用消毒纱布包裹好采精器口，放置于预先调整好温度（44～46℃）的恒温箱内待用，采精时温度控制在38～42℃；采精前在采精器内胎的前2/3处用涂抹棒均匀涂擦适量消毒过的润滑剂（液体石蜡与凡士林1：1的混合物）；从活塞孔打气，使采精器有适度的压力（采精器口呈三角形状为宜）。

（四）采精方法

接触精液的器械面要干净、光滑，温度接近体温，保证精液品质不受影响。采精员右手持采精器，站在采精公牦牛的右后侧；当公牦牛跳起前肢爬上台牛后背时，迅速向前用左手托着公牦牛包皮，右手所持采精器与台牛成40°角，采精器口斜向下方；左、右手配合将公牦牛阴茎自然地引入采精器口内；公牦牛往前一冲即完成射精动作，公牦牛随即而下，采精员右手紧握采精器，随公牛阴茎而下，待公牦牛前肢落地时，顺势把采精器脱出；并立即将采精器口保持斜向上方，打开活塞放气，使精液尽快地流入集精杯内；然后取下集精杯，迅速送至精液处理室。

（五）采精频率

保证公牦牛身体和机能不受损伤是采精实施的前提条件。因此，合理安排采精频率是维持公牦牛健康和最大限度采集精液的重要条件。在采精季节，牦牛每周可采精 2～3 次，每次间隔不少于 1 d。

第二节 精液品质评定

精液品质评定的目的是决定精液的取舍和确定制作输精的剂量。精液品质也能反映公牦牛的饲养管理水平、生殖器官机能状态和采精技术的操作质量。牦牛精液品质评定包括外观评定、精子存活力检查、精子密度检测和生化检测。

一、外观评定

(一) 云雾状

正常未经稀释的牦牛精液中的精子密度大、活力强，因精液翻腾而呈漩涡云雾状。

(二) 色泽和气味

正常牦牛精液呈乳白色或淡黄色，刚采出的精液略带有腥味。色泽异常表明生殖器官有疾患，如呈浅绿色是混有脓液；呈淡红色是混有血液；呈黄色是混有尿液。颜色异常或带异味的精液不宜用于输精。

(三) 射精量

射精量是种公牦牛一次采精时所射出的精液体积。射精量主要受品种、年龄、季节、营养、运动、采精次数及采精技术等因素的影响。一定时间内多次采精的平均量视为公牦牛的正常射精量。公牦牛射精量一般为 2～6 mL。

二、精子活率

精子活率（sperm motility）是指精液中直线前进运动的精子所占全部精子的百分率，也称为精子活力。精子活率是精液评定最重要的指标，通常在采精后、精液处理前、精液处理后、冷冻精液解冻后和输精前检测评定。检测高密度的牦牛精子活率须用生理盐水或其他等渗液稀释后再进行。精液样品制成压片，放在 37～38 ℃显微镜恒温台或保温箱内，在 200～400 倍下进行观察。活率通常采用 0～1.0 的 10 级评分标准。100%直线前进运动者为 1.0 分，90%直线前进运动者为 0.9 分，依次类推。凡出现旋转、倒退或在原位摆动的精子均不属于直线前进运动的精子。牦牛新鲜精液精子活率一般在 0.5～0.8。为保证较高的受胎率，输精用的精子活率通常在 0.5（液态保存）和 0.3（冷冻保存）以上。

三、精子密度

精子密度（sperm concentration）是单位容积的精液所含的精子数，也称精子浓度。精子密度也是评定精液品质的重要指标。精子活率、精子密度和射精量所确定的总有效精子数决定了接受输精母牦牛的数量，每头母牦牛都输入最佳有效精子数量的精液。

通常采用血细胞计数计或精子密度测定仪来检测牦牛精子数。利用血细胞计计算精子浓度时应预先对精液进行稀释，稀释的目的是为了在计数室使单个精子清晰可数。血细胞计计算精子的基本原理是，血细胞计的计数室深0.1 mm，底部为正方形，长宽各是1.0 mm。底部正方形又划分成25个小方格，通过计数和计算求出该计数室0.1 mm³ 精液中的精子数，再根据稀释倍数计算出每毫升精液中的精子数。计算公式为：

$$1 \text{ mL 精液中的精子数（精子浓度）}=0.1 \text{ mm}^3 \text{ 中的精子数}\times 10\times$$
$$\text{稀释倍数}\times 1\,000$$

理想型公牦牛的精子密度应大于等于6×10^8 个/mL。

四、精子形态

精子形态正常与否与受精率有着密切的关系。精液中如果含有大量畸形精子或顶体异常精子，受胎率就会降低。

（一）精子畸形率

在正常精液中常有畸形精子出现，精子畸形分为头部畸形、颈部畸形、中段畸形、主段畸形，以中段和主段畸形的发生频率最高。牦牛精液中精子畸形率应小于等于18%。畸形精子出现的原因有，精子产生过程中不良内、外环境的影响，附睾机能异常，副性腺和尿道分泌物的病理变化，精液处理不当，精子遭受不良外界刺激等。畸形精子的检查可在400倍显微镜下进行，检查总精子数不应少于200个。

（二）精子顶体异常率

精子顶体异常包括膨大、缺陷、部分脱落、全部脱落等。牦牛顶体异常率应小于等于12%。顶体异常的出现可能与精子生产过程和副性腺分泌物异常有关。精子遭受低温打击特别是冷冻方法不当或在体外保存时间过长，是造成精子顶体异常的重要原因。常用的顶体异常率检测方法是，将精液制成压片，在固定液中固定，水洗后用姬姆萨缓冲液染色1.5～2.0 h，水洗、干燥后用树脂封装，置于1 000倍以上显微镜或相差显微镜下，观察200个以上精子，计算出顶体异常率。

五、精子存活时间和存活指数

精子存活时间是指精子在体外的总生存时间，而精子存活指数是指平均存活时间，表示精子活率下降速度。精子存活时间和存活指数检测与受精率密切相关，也是鉴定稀释液和精液处理效果的一种方法。将稀释后的精液置于一定的温度（0℃或3℃），间隔一定时间检查活率，直至无活动精子为止所需的总小时数是存活时间，而相邻两次检查的平均活率与间隔时间的积相加总和为生存指数。精子存活时间越长，存活指数越大，说明精子生活力越强，品质越好。

第三节　精液的稀释和处理

精液稀释是在精液中加入一些适于精子存活并保持受精能力的溶液。精液只有经过稀释处理后才能有效地保存，同时只有扩大了精液体积才能提高与配母牦牛的头数。

一、精液稀释液的种类和成分

稀释液应具备的条件为，保存精子的生命活力和受精能力；能给精子代谢提供营养；保护精子免受冷冻和解冻过程中温度变化打击造成的损伤；与精液等渗（自由离子的浓度相同）、具有缓冲作用（中和精子代谢产生的酸，防止pH的改变）；能控制微生物污染。人工授精的成功应用，极大地依赖于优良稀释液的开发利用。

根据稀释液的性质和用途，可分为四类：现用稀释液，以简单的等渗糖类和奶类物质为主体配制而成，以扩大精液容量、增加配种头数为目的，立即输精用；常温保存稀释液，适应于精液常温短期保存用；低温保存稀释液，适应于精液低温保存用，具有含卵黄和奶类为主的抗冷休克作用；冷冻保存稀释液，适用于冷冻保存，成分较为复杂。根据稀释液的功能，在其中主要添加以下试剂。

（一）等渗剂

配制稀释液要求与精液具有相同或相近的渗透压，氯化钠、葡萄糖及奶类均可充当此类物质。

（二）营养剂

营养剂主要提供精子在体外所需的能量，如糖类（主要为单糖）、奶类及卵黄均可。

（三）保护剂

保护剂能够中和、缓冲精清对精子保存的不良影响，防止精子受"低温打击"，创造精子生存的抑菌环境等。保护剂主要分为以下几类：缓冲物质，对酸中毒和酶活力具有良好的缓冲作用，常用柠檬酸钠、磷酸二氢钾等；非电解质，可延长精子在体外存活时间，如各种糖类、氨基乙酸等；防冷休克物质，具有防止精子冷休克的作用，卵磷脂效果最好，脂蛋白及含磷脂的脂蛋白复合物也有防止冷休克的作用；抗冻保护物质，具有抗冷冻危害的作用，常用的有甘油和二甲基亚砜等；抗生素，用于防止细菌及有害微生物的污染，常用的有青霉素、链霉素等。

（四）其他添加剂

其他添加剂主要用于改善精子外在环境的理化特性，调节母牛生殖道的生理机能，提高受精机会。常用的有酶类、激素类、维生素类和调节 pH 的物质。

二、稀释液的配制方法

（一）稀释液的配制要求

配制稀释液所使用的器械、容器必须洗涤干净，消毒充分，使用前经稀释液冲洗。所用的水必须清洁无毒性，应为蒸馏水或去离子水。配制试剂要纯净，称量需准确，充分溶解，过滤后进行消毒。使用的奶类应在水浴中灭菌（90～95 ℃）10 min，除去奶皮。卵黄要取自新鲜鸡蛋，取前应对蛋壳进行消毒。抗生素、酶类、激素、维生素等添加剂必须在稀释液冷却至室温时，按用量准确加入。稀释液必须保持新鲜。卵黄、奶类、抗生素和其他活性物质须在使用前添加。

（二）精液稀释倍数

精液经适当的稀释可提高精子的存活时间。稀释倍数应依据精液的品质、稀释液种类和生产实际需要来确定。稀释倍数过高会使精子的存活时间缩短，影响受精效果。一般稀释倍数按照保证每支剂量（冻精）含有 1 000 万个有效精子数（直线前进运动的精子）计算。

（三）精液稀释方法

采精后应及时稀释，未经稀释的精液中的精子很难存活较长的时间。稀释液与精液的温度必须调整一致。新采集的精液应在 30 ℃条件下做稀释处理。在稀释过程中防止温度突然下降。若迅速降温到 10 ℃以下，由于冷刺激，精子可能出现冷休克。稀释时，稀释液沿容器缓缓倒入，不要将精液倒入稀释液中。添加稀释液后将精液容器轻轻转动，混合均匀，避免剧烈振荡。如果做高倍稀释，应分次进行，避免精子所处环境剧烈变化。精液稀释后立即进行镜检，如果活率明显下降，则说明操作不当。

第四节　精液的冷冻保存

精液冷冻是利用液氮（－196 ℃）或干冰（－79 ℃）作为冷源，将经过特殊处理后的精液，保存在超低温下以达到长期保存的目的。冷冻精液的使用极大地提高了优良公牦牛的利用效率，加速品种育成和改良的步伐，提高牦牛的生产性能，同时也大大降低了生产成本。冷冻精液使人工授精不受时间、地域和种公牦牛生命的限制，同时便于开展国内、国际种质交流。

一、精液冷冻保存原理

（一）冷冻对精子造成损伤

冷冻过程中，精液中的水分应尽可能玻璃化，防止形成大的冰晶。因为冰晶的形成是造成精子死亡的主要物理因素。精子内部水分形成冰晶后体积增大，原生质受不同程度的损伤，同时由于溶液中冰晶的形成破坏精子膜结构。此外，精子外水分在形成冰晶过程中会引起溶液不同部分渗透压的改变，精子内外溶液浓度差增大。精子膜外溶质浓度升高造成精子脱水，发生不可逆的伤害。

精子经过特殊处理后在冷冻过程中玻璃化。玻璃化中水分子保持原来的无序状态，形成纯粹玻璃样的超微粒结晶。精子在玻璃化冻结状态下避免细胞膜结构受损和原生质脱水，解冻后仍可恢复活力。冰晶在－60～0 ℃缓慢降温条件下形成，降温越慢，冰晶越大，－25～－15 ℃对精子的危害最大。玻璃化必须在－250～－60 ℃超低温区域内，精子冷冻过程可以从冰晶化温度区域开始快速降温，迅速越过冰晶化进入玻璃化阶段。然而，这一过程是可逆的、不稳定的，当缓慢升温时又可能形成冰晶化。

（二）冷冻保护剂的作用

抗冻剂能够防止水溶液中冰晶的发生，从而减少冷冻过程对精子的损伤。抗冻剂包括甘油和二甲基亚砜。甘油亲水性很强，一方面，它可在水结晶过程中限制和干扰水分子晶格排列，使水处于过冷状态降低水形成结晶的温度；另一方面，甘油渗入精子使部分水分和盐类排出，避免了电解质浓度增加的不良影响。然而，甘油和二甲基亚砜对精子有毒害作用，浓度过高又会影响精子的活力和受精能力。

二、精液冷冻技术

（一）精液品质要求

用于冷冻保存的精液品质直接关系冷冻后的效果，因此其活率要高，密度要大。

（二）精液稀释

精液稀释分为一次稀释法和两次稀释法。

1. 稀释液配制试剂

一次稀释法配制试剂：12％蔗糖溶液 75 mL、卵黄 20 mL、甘油 5 mL。

两次稀释法配制试剂：溶液一，蒸馏水 100 mL、柠檬酸钠 2.97 g、卵黄 10 mL。溶液二，溶液一 45 mL、果糖 2.5 g、甘油 5 mL。

上述两种稀释液，每 100 mL 加青霉素 5 万～10 万 IU、加链霉素 5 万～10 万 U。试剂要求分析纯以上。

2. 稀释液配制方法

一次稀释法稀释液配制方法：取 12％蔗糖溶液 75 mL，加入卵黄 20 mL 和甘油 5 mL，用磁力搅拌器充分搅拌均匀后备用。

两次稀释法稀释液配制方法：溶液一，称取柠檬酸钠 2.97 g，倒入容量瓶内，加入蒸馏水 50 mL，搅拌溶解后，继续加蒸馏水混匀定容至 100 mL；加入卵黄 10 mL，搅拌均匀后备用。溶液二，取溶液一 45 mL，加入果糖 2.5 g，甘油 5 mL，搅拌均匀后备用。

3. 稀释方法

一次稀释法：先按等量预稀释，10 min 后按精子密度仪测算的稀释量加入。

两次稀释法：将 32～34 ℃的溶液一缓慢加入精液中，摇匀，所加溶液一的量＝（所加稀释液总量＋精液量)/2－精液量，然后与溶液二同时放入 3～5 ℃低温柜内降温。冷冻前加入溶液二，所加溶液二的量＝所加稀释液总量－所加溶液一的量。

（三）降温和平衡

将稀释后的精液从 30 ℃经 1～2 h 缓慢降至 5 ℃；放置在 3～5 ℃低温柜中平衡 3～5 h。平衡的目的是使精子经历一段适应低温的过程，同时使甘油充分渗透进精子体内，达到抗冻保护作用。

（四）精液的分装

将稀释好的精液分装至 0.25 mL 的细管中，精液量大于 0.18 mL；对细管进行封装；在细管壁上清楚标记牦牛品种、牛号、生产日期、生产单位和批次。冷冻精液细管应无裂痕，两端封口严密。

（五）精液冷冻

上架：上架码放时，应把封装后的细管精液棉塞封口端朝内，超声波封口端朝外；冷冻：精液在低温容器中，按预先设定好的程序自动完成冷冻过程；收集：冷冻完成后，打开冷冻容器盖子，细管冻精按照牛号收集放入不同的盛满液氮的专用容器里，放入时将细管棉塞端朝下，超声波封口端朝上，并迅速浸泡在液氮中。

（六）解冻

解冻温度、解冻方法都直接影响精子解冻后的活率。通常的解冻方法是，将细管冻精直接置于（38±1）℃水浴中，解冻时间为10～15 s。

应用冷冻精液对牦牛进行人工授精时，从参配牛的选择、放牧管理、试情、配种，以及冷冻精液的质量、解冻、检查和输精等各技术环节是一个彼此紧密联系的整体，任何环节的疏忽或差错都会影响配种效果。牦牛冷冻精液生产可参考农业行业标准《牦牛冷冻精液生产技术规程》(NY/T 3444—2019)。

第五节　冷冻精液的贮存和运输

冷冻精液的贮存原则是精液不能脱离液氮，确保其完全浸入液氮中。由于每取一次精液就会使整个包装的冷冻精液脱离液氮一次，因此取用不当会造成精液品质下降。冷冻精液的运输应有专人负责，并确保盛装精液的液氮容器保温性能良好。

一、精液的贮存

（一）冷冻精液质量要求

每剂量解冻后的精子活力大于等于30％，前进运动精子数大于等于800万个，精子畸形率小于等于18％，细菌菌落数小于等于500 CFU/剂。

（二）贮存

冷冻精液经解冻检查合格后，按牦牛品种、编号、采精日期和型号标记。先用专用塑料管分装，再用灭菌纱布袋包装，每一包装量不得超过100剂。细管冷冻精液应浸没于液氮生物容器的液氮中。为保证液氮生物容器内的冷冻精液品质，不致使精子活率下降，在贮存及取用过程中必须注意：①定期向液氮罐中添加液氮，保证液氮量充足；②罐内盛装冻精的提筒不能暴露在液氮外；③从液氮罐取出冷冻精液时，提筒不得提出液氮罐口外，可将提筒置于罐颈下部，用长柄镊子夹取细管（或精液袋）。④将冻精转移至另一容器时，动作要迅速，在空气中的暴露时间不得超过3 s。

二、精液的运输

精液的运输可根据距离远近及交通条件选择适宜的运输工具。运输的精液符合输精标准，同时附有说明书，注明牦牛品种、编号、精液量、采精日期和批号等。液氮生物容器应有专人负责，罐体外明显位置标上"向上""小心轻放"等储运图示标志。移动液氮生物容器应提握液氮生物容器手柄抬起罐体后移动。液氮生物容器应轻装轻卸，不得倾斜、横倒、碰撞和强烈振动，确保冷冻精液始终浸泡在液氮中。长途运输应注意及时补充液氮。

第六节 输 精

输精是人工授精技术中最后一个技术环节。输精就是适时而准确地把一定剂量的精液输送到发情母牦牛生殖道内适当部位的过程，是保证母牦牛受胎的关键步骤。

一、发情鉴定

准确掌握母牦牛发情的客观规律，适时配种，是提高受胎率的关键。母牦牛的发情，具有普通牛种的一般表现，但不如普通牛种明显。相互爬跨频率、阴道黏液流出量、兴奋性程度等均不如普通牛种母牛。准确的发情鉴定是做到适时输精的重要保证。一般来说，输精距排卵的时间越近，受胎率越高。

牦牛的发情鉴定主要采用试情法，在母牦牛群中投放试情种公牛，公母牛的比例以 1：（30～50）为宜。试情公牛比例偏少会影响试情效果，偏多则会造成牛群不安。根据受配母牦牛外阴表征和爬跨程度两者相结合，及时准确地确定发情母牛。在实际工作中，一次发情输精两次，间隔 10～12 h。上午发现发情的母牦牛，下午或傍晚输精一次，翌日清晨再输精一次；下午发现发情的母牦牛，翌日清晨输精一次，下午或傍晚再输精一次。

二、输精前的准备

（一）输精器材的准备

输精器材主要包括开膣器和输精器。同时需要准备辅助材料，包括输精管、纱布、水桶、肥皂、毛巾等，使用前彻底洗涤、消毒。以每头母牦牛准备一支输精管枪头为宜。

（二）精液的准备

输精前，必须对精液品质进行评定，达到标准才能使用。新鲜精液活力应不低于 0.6，需要升温至 35 ℃左右；冷冻精液解冻后活率应不低于 0.3。

（三）输精员的准备

输精员的指甲须剪短磨光，双手洗涤擦干，用 75% 酒精消毒手臂，带长臂手套，手套外涂润滑剂。

（四）母牦牛的准备

牦牛性情暴躁，对散养牦牛群中的个体进行保定时，要经过个体捕获的过程，牦牛和人都要经历大量运动，对人和牦牛都存在一定的不安全因素，所以牦牛保定时注意人和牦牛的安全显得十分必要。受配母牦牛牵入输精架后，要拴系和保定好头部，左右两侧（后躯）各有一人固定，防止牦牛后躯摆动，以便于对其进行输精。草原上使用的配种保定架以实用、结实和搬迁方便为好。利用四柱栏保定比较安全，操作方便。栏柱埋于地下约 70 cm，栏柱地上部分及两柱间的宽度，依当地牦牛体型大小确定。也有利用二柱栏进行牦牛的保定，此法易于牦牛的牵拉与绑定。保定后，用温水洗净其外阴部，再对外阴进行消毒，用消毒布擦干。

三、输精方法

母牦牛输精方法分为开膣器输精法和直肠把握子宫颈输精法两种。目前，牦牛的人工授精多用直肠把握子宫颈输精法。此法优点是受胎率比开膣器法高，可对子宫角、卵巢进行直肠检查，简单、安全。

直肠把握子宫颈输精法：将牦牛尾系于直肠把握手臂的同侧，露出肛门和阴门。输精员手臂先涂上一薄层润滑剂，或套上专用长臂手套，涂抹石蜡油。按直肠检查法将一只手伸入直肠内，掏出宿粪，摸找并稳住子宫颈后端，用肘压开阴裂；另一只手持输精导管插入阴道，先向上倾斜避开尿道口，再转平直到达子宫颈口。直肠中的手前移，用食指抵住角间沟，确定输精导管前端的位置，以防用力过猛刺破子宫壁。借助伸入直肠内的一只手固定和协同动作，将输精器轻稳缓慢地插入子宫颈皱褶处。将输精导管往后拉 2 cm，使导管前端处于子宫体中部，将导管内精液徐徐推入子宫颈内，或子宫颈口深处，抽出导管，对子宫角按摩 1～2 次，但不要挤压子宫角。

四、输精操作要点

（一）输精时机

准确的发情鉴定是做到适时输精的重要保证，输精距排卵的时间越近，受胎率越高。输精要适时，正确观察母牦牛接受试情公牦牛的时间，每一情期输精两次，以早、晚输精为好。

（二）细管输精枪的使用

将解冻后的精液细管棉塞端插入输精枪推杆 0.5 cm 深处，然后推杆退回 1～2 cm，剪掉细管封口部，外面套上塑料保护套，内旋塑料外套使之固定，塑料套管中间用于固定细管的游子应连同细管轻轻推至塑料管的顶端，轻缓推动推杆见精液将要流出时即可输精。采用简易日式输精枪时，用带螺丝枪头固定细管，不需要用塑料外套保护细管。

（三）输精方法

输精主要采用直肠把握子宫颈深部输精法。牦牛的人工授精技术要求严格、细致、准确，做到输精器慢插、适深、轻注、缓出，防止精液逆流。消毒工作要彻底，严格遵守技术操作规程。

（四）检查

每头发情母牦牛每次输精用一个剂量的冻精，一支输精器（枪）一次只限于一头母牦牛输精使用。输精之前，必须抽查同批次的精子活力，不符合标准的不能使用。

（五）登记

配种前的母牦牛要逐头登记，妥善保存，登记表格包括母牦牛牛号、冻精来源、受配母牦牛畜主、畜主住址及母牦牛年龄、发情时间、发情表现、输精时间、预产期等。

五、影响牦牛人工授精受胎率的因素

人工授精受胎率的高低主要取决于精液品质、母牦牛状态、输精时间、输精部位、有效精子数和输精技术。

（一）精液品质

精液品质的好坏与受胎率的高低有直接的关系。影响精液品质的主要因素是公牦牛的遗传性能和体况，对公牦牛进行科学的饲养管理是保证获得优质精液的先决条件。掌握正确的采精、稀释、降温、冷冻、保存和解冻的方法和技术，是减少精子死亡和损伤、保证精液品质优良的重要环节。

（二）母牦牛的状态和输精时间

体况良好的适龄母牦牛一般发情相对明显，排卵正常，容易确定输精时间，也容易受胎，不易发生早期胚胎死亡。在母牦牛排卵前适当时间输精可提高受胎率。每一情期输精两次最佳，以早、晚各输精一次为好。

（三）输精部位和有效精子数

给牦牛输精时，输精部位决定了每次输精所需要的有效精子数。在子宫颈口部输精，精液容易外流。因此，最少需要 1 亿个以上的精子。但是如果在子宫颈深部或子宫内输精，500 万～1 000 万个精子即可达到良好的受胎率。

（四）输精技术水平

输精员技术水平的高低直接决定受胎率的高低。输精员必须严格遵守卫生消毒制度和操作规程。

第七章　牦牛妊娠诊断与分娩助产技术

母牦牛配种后开展妊娠诊断，以利于保胎，减少空怀，提高母牦牛繁殖率和经济效益。妊娠后随着胎儿发育成熟，母牦牛在生理上发生一系列变化，如发现异常要及时处理。母牦牛正常分娩时，不需要助产，若出现难产或不良情况，应及时实施助产技术。

第一节　牦牛妊娠诊断技术

妊娠诊断是借助妊娠后母牦牛所表现出的各种变化特征，判断是否妊娠，以及妊娠的进展情况。早期妊娠诊断对于保胎、减少空怀及提高牦牛的繁殖率、有效实施牦牛生产的经营管理具有重要意义。

一、妊娠识别的机制

牦牛妊娠的建立从受精卵开始，当受精卵从输卵管进入子宫后，已发育至囊胚阶段。在此期间，早期胚胎必须及时提供生物学信号给母体系统，以表明其在子宫中的出现，并通过阻止黄体溶解或提高黄体功能，维持母体血液中孕酮在较高水平，进而使妊娠得以维持，即母体对妊娠的识别。

通过妊娠检查，对确诊已妊娠的母牦牛，应加强饲养管理，合理饲喂，以保证胎儿发育，维持母体健康，避免流产，预测分娩日期并做好产犊准备。对确定未妊娠的母牦牛，应及时检查找出未孕原因，如配种时间和方法是否合适、精液品质是否合格、生殖系统是否患有疾病等，以便及时采取相应的治疗或管理措施，尽早恢复其繁殖能力。牦牛的妊娠期为 $250\sim260$ d，平均为 255 d。若牦牛怀杂种牛犊（犏牛犊），则妊娠期延长，一般为 $270\sim280$ d。确定牦牛妊娠后，根据配种时间和妊娠期即可推算母牦牛预产期。

二、早期妊娠诊断方法

理想的早期妊娠诊断技术应具备以下条件：一是能达到及早诊断的目的，在配种后一个发情周期内即可诊断是否妊娠；二是准确率高，对妊娠或未妊娠的诊断率应达85%以上；三是方法要简便快捷，易于掌握和判定；四是对母牛和胎儿均安全无害；五是诊断方法要经济实用，便于推广。

（一）外部观察法

外部观察法包括观察营养状况、胎动、腹部轮廓、乳房等外部表现和在腹壁外触诊胎儿、听取胎儿心音等方面的检查。

1. 视诊　母牦牛妊娠后，性情温驯、安静，行为谨慎；食欲增加，膘情好转，毛色润泽；腹围增大，腹部两侧大小不对称，孕侧下垂突出，肷腹部凹陷；乳房逐渐胀大；排粪、尿次数增加，但量不多；出现胎动，但无规律。从妊娠母牦牛（妊娠4～5个月）后侧观察时，可发现右腹壁突出；青年母牦牛妊娠4个月后乳房发育增大，经产母牦牛在妊娠最后1个月乳房膨大和肿胀；妊娠6个月后在腹壁右侧最突出部分可观察到胎动，饮水后比较明显。这种方法的缺点是不能早期确诊母牦牛是否妊娠和妊娠的时间。

2. 触诊　隔着母牦牛腹壁通过触摸的方法诊断胎儿及胎动的方法，凡触及胎儿者均可诊断为妊娠。这种方法只适于妊娠后期。早晨饲喂之前，用弯曲的手指节或拳在右膝腹壁的前方，肷部之下方，推动腹壁来感触胎儿的"浮动"。由于牛腹壁松弛较易看到胎动，通常是在背中线右下腹壁出现周期性、间歇性的膨出，在腹壁软组织上感触到一个大的、坚实的物体撞击腹壁。10％～50％母牦牛于妊娠6个月，70％～80％于妊娠7个月，90％以上于妊娠8个月可感触到或观察到胎动。

3. 听诊　隔着母牦牛腹壁听取胎儿心音，妊娠6个月后，可在安静场所由右肷部下方膝壁内侧听取。胎儿心音数比母牦牛多2倍以上。

（二）直肠检查法

隔着直肠壁触诊母牦牛生殖器官形态和位置变化而进行妊娠诊断的一种方法，也就是隔着直肠壁触诊子宫、卵巢及其黄体变化，以及有无胚泡（妊娠早期）或胎儿的存在等情况来判定是否妊娠。这是目前对牦牛妊娠诊断既经济又可靠的一种方法。直肠检查的优点是，在整个妊娠期间均可应用，妊娠20 d以后可触诊；40～60 d即可确诊；诊断时间准确，并能大致确定妊娠时间；可发现假妊娠、假发情、生殖器官疾病及胎儿存活等情况；所需设备简单，操作简便，容易掌握。

1. 直肠检查的方法　将被检母牦牛保定于保定栏内，尾巴拉向一侧，使肛门充分露出，并用温开水将肛门及其附近擦洗干净。检查人员事先将指甲剪短磨光，并戴上乳胶手套或塑料薄膜长筒手套，将手和臂部洗净并消毒，再涂上润滑剂。

检查人员站在被检母牦牛的后方，用涂有润滑剂的手抚摸肛门，然后手指并拢呈锥状，缓缓地以旋转动作插入肛门，再逐渐伸入直肠。如果直肠内有宿便，应少量分次掏完。在宿便较多时，可用手指扩张肛门，放入空气，并用手轻推粪便加以刺激，使粪便自行排出；或者将伸入直肠的臂部上抬，手心向下，用手轻轻向外扒粪便。排出宿便之后，手向直肠深部慢慢伸进，当手臂伸到一定深度时（达骨盆腔中部），就可感觉到活动空间增大，肠壁的松弛程度也比直肠后段大，这时可触摸直肠下壁，检查子宫变化。检查时动作要轻、快、准确，检查顺序是先摸到子宫颈，然后沿着子宫颈触摸子宫角、卵巢，最后是子宫中动脉。

2. 牦牛妊娠期子宫和卵巢的形态变化

（1）妊娠 30 d　子宫颈紧缩，质地变硬；孕侧子宫角基部稍有增粗，质地变得松软，触摸时反应迟钝，不收缩或收缩微弱，稍有波动感；非孕侧子宫角则反应明显，触摸即收缩，有弹性，角间沟仍明显。排卵侧卵巢体积增大，黄体突出于卵巢表面，黄体也稍变硬。

（2）妊娠 60 d　孕侧子宫角比非孕侧角增粗 1～2 倍，波动明显，角间沟已不明显，但子宫角基部仍能分清两角界限。胎儿形成，长 6～7 cm。

（3）妊娠 90 d　子宫颈向前移至耻骨前缘，子宫开始下垂到腹腔，孕角波动明显，有时还可摸到胎儿，在胎膜上可以摸到蚕豆大小的子叶。一般还可摸到子宫中动脉有特异搏动，这一特征是牦牛妊娠的重要依据。

（4）妊娠 120 d　子宫垂入腹腔，子宫颈越过耻骨前缘，触摸不清子宫的轮廓形状，只能摸到子宫内侧及该处明显突出的子叶。偶尔摸到胎儿，子宫动脉的妊娠脉搏明显可感。

（5）妊娠 150 d　全部子宫增大，沉入腹腔底部。由于胎儿迅速发育增大，能够清楚地触及胎儿。此时子宫动脉变粗，妊娠脉搏十分明显。空角侧子宫动脉尚无或稍有妊娠脉搏，摸不到卵巢。

（6）妊娠 180 d 至分娩前　胎儿增大，位置移至骨盆前，能触及胎儿的各部位和感受到胎动。两侧子宫动脉均有明显的妊娠脉搏。

（三）阴道检查法

母牦牛妊娠后期阴道发生相应变化，阴道检查法主要是通过观察阴道黏膜的色泽、黏膜状况、子宫颈的状况等，确定母牦牛是否妊娠。

妊娠时母牦牛阴道收缩紧张，黏膜苍白、无光泽，黏液量少而黏稠，在 3～4 个月后黏液增多而混浊，呈灰黄色或灰白色，而且多聚集在子宫颈口附近。子宫颈收缩紧闭呈苍白色，有黏稠的黏液塞封住子宫颈口，子宫颈口偏向一侧。

如果妊娠母牦牛阴道有病变，阴道不表现妊娠征兆。未妊娠母牦牛有持久黄体存在时，阴道可能出现类似妊娠变化，容易导致误诊。因而，阴道检查法只能作为妊娠诊断的辅助方法，操作时要进行严格消毒。

（四）卵巢检查

可与直肠检查相结合进行，手指顺子宫角尖端找到卵巢后，用中指和无名指先将游动的卵巢固定，然后用大拇指触摸卵巢的背侧面，用食指触摸卵巢的顶端感知黄体所处部位。母牦牛妊娠黄体的形状比较复杂和多样化，多为扁椭圆形、半球形突出卵巢表面，少数扁而小，轮廓不太明显。妊娠初期，黄体质地肥厚、柔软、表面光滑，呈生肉感，中、后期质地稍硬些，呈熟肉感。

三、早期妊娠诊断技术的展望

目前，虽已建立很多早期妊娠诊断方法，但效果均不能满足现代养殖要求。直肠检查法应用最广泛，却不能在配种后 18～21 d 内进行准确的早期妊娠诊断，且易造成胚胎损失；超声波检查能够有效降低直肠触诊不当带来的胚胎损失，但也需要熟练的操作技巧，并受到了价格较高的专用设备的限制；已有实验室方法虽然能达到准确、灵敏的早期妊娠检测要求，但都存在耗时长、不能现场检测等问题。近年来，传感器、遥感技术等快速发展，并逐渐与生物技术结合，已开发出计步器等奶牛发情鉴定技术，通过检测发情周期中奶牛活动量的变化而进行发情鉴定。若深入开展牦牛受精后活动量、体温、体重等指标的变化规律研究，则可以通过计步器、温度传感器、体重检测器监测牦牛配种后这些指标的规律性变化。通过对活动量、体温、体重等生理指标变化的分析，就可在尽可能早的时间内（甚至是配种后的第一个情期内）判断妊娠与否。机电一体化等技术在繁殖领域的引入，实现了生理指标的准确适时监测，使发情鉴定及早期妊娠诊断发生革命性变化。

第二节　牦牛分娩助产技术

分娩就是妊娠期满，母体借助子宫和腹肌收缩将发育成熟的胎儿和胎盘从子宫中排出体外的生理过程。正常情况下，牦牛不需要助产；当遇到难产或分娩异常时，需实施分娩助产。

一、分娩过程

分娩过程是指子宫开始出现阵缩到胎衣完全排出的整个过程。根据临床表现可将分娩过程分成 3 个连续时期，即子宫开口期、胎儿产出期和胎衣排出期。

（一）子宫开口期

从子宫阵缩开始，到子宫颈充分开大或充分开张与阴道之间的界限消失为止。阵缩即子宫间歇性的收缩。开始时收缩的频率低，间隔时间长，持续阵缩时频率加快；随着分娩进程的加剧，收缩频率加快，收缩的强度和持续的时间增加，以至每隔几分钟收缩一次。子宫开口期，母牦牛寻找不受干扰的地方等待分娩，轻微不安、时起时卧、食欲减退，时吃时停、回头顾腹、尾根抬起，常有排尿姿势。放牧的妊娠母牦牛有离群现象。

（二）胎儿产出期

从子宫颈充分开大，胎囊及胎儿的前置部分楔入阴道，或子宫颈亦能充分开张，母牦牛开始努责，到胎儿排出或完全排出为止。努责是膈肌和腹肌的反射性和随意性收缩，一般在胎膜进入产道后出现。胎儿产出期，阵缩和努责共同发生作用，但努责是胎儿产出的主要动力。努责比阵缩出现得晚，停止的早。母牦牛表现为极度不安，急剧起卧，前蹄刨地，有时后蹄踢腹，回顾腹部，嗳气，拱背努责。在最后卧下破水后，呈侧卧姿，四肢伸直，腹肌强烈收缩。当努责数次后，休息片刻，然后继续努责，脉搏、呼吸加快。

由于母牦牛强烈阵缩与努责，胎膜带着胎水被迫向完全开张的产道移动，最后胎膜破裂，排出羊水，胎儿随着母牦牛努责不断向产道内移动。在努责间歇时，胎儿又稍退回子宫，但在胎头楔入盆腔之后，则不再退回。产出期，胎儿最宽部分的排出时间最长，特别是头部。头部通过盆腔及其出口时，母牦牛努责最强烈，常哞叫。在头露出阴门以后，母牦牛往往稍微休息。胎儿如为正生，母牦牛随之继续努责，将其胸部排出，然后努责即骤然缓和，其余部分也能迅速排出，脐带亦被扯断，仅将胎衣留在子宫内。这时母牦牛不再努责，休息片刻后站起，以照顾新生犊牛。

（三）胎衣排出期

从胎儿排出后算起，到胎衣完全排出为止。其特点是当胎儿排出后，母牦牛即安静下来，经过几分钟后，子宫主动收缩，有时还配合轻度努责而使胎衣排出。胎膜排出较慢，一般需要 10 h 以上。

二、分娩的预兆

母牦牛分娩前，在生理、形态和行为上发生一系列变化，以适应排出胎儿及哺育犊牛的需要，通常把这些变化称为分娩预兆。从分娩预兆可以大致预测分娩时间。

（一）乳房变化

母牦牛妊娠进入中后期时，在卵巢和胎盘分泌的雌激素和孕激素的作用下，乳腺和乳房逐渐发育，乳房增大。分娩前，由于催乳素的作用，母牦牛乳房更加膨胀增大，有的并发水肿，并且可由乳头挤出少量清亮胶状液体或少量初乳；至产前 2 d 内，不但乳房极度膨胀，皮肤发红，而且乳头中充满白色初乳，乳头表面被覆一层蜡样物，由原来的扁状变为圆柱状。有的母牦牛有漏乳现象，乳汁成滴、成股流出，漏乳开始后数小时至 1 d 即分娩。

（二）产道变化

子宫颈在分娩前 1～2 d 开始胀大、松软；子宫颈管的黏液软化，流出阴道，有时吊在阴门之外，呈半透明索状；阴唇在分娩前 1 周开始逐渐柔软、肿胀、增大，一般可增大 2～3 倍，阴唇皮肤皱襞展平。左右摆尾时阴门易裂开，阴道黏膜潮红，卧下时更为明显。

（三）骨盆韧带变化

骨盆韧带在临近分娩时开始变得松软，一般从分娩前 1～2 周即开始软化。产前 12～36 h，荐坐韧带后缘变得非常松软，外形消失，尾根两旁只能摸到一堆松软组织，且荐骨两旁组织明显塌陷。初产牛的变化不明显。

（四）体温变化

母牦牛妊娠 7 个月开始体温逐渐上升，可达 39 ℃。至产前 12 h 左右，体温下降 0.4～0.8 ℃。

三、决定分娩的因素

分娩是由内分泌、神经和机械等多种因素的协调、配合，母体和胎儿共同参与完成。

（一）中枢神经系统

神经系统对分娩过程具有调节作用。当子宫颈和阴道受到胎儿前置部分的压迫和刺激时，神经反射的信号经脊髓神经传入大脑，再进入垂体后叶，引起催产素的释放，增强子宫收缩。

（二）胎儿内分泌

成熟胎儿的下丘脑垂体肾上腺系统对分娩发动起着至关重要的作用，妊娠期延长通常与胎儿大脑和肾上腺的发育不全（或异常）有关。分娩前胎儿血液中皮质醇的含量显著增加，促进子宫内膜合成前列腺素（$PGF_{2\alpha}$）溶解黄体，并刺激子宫肌收缩。

（三）母体内分泌

母体的生殖激素变化与分娩发动有关。

1. 孕酮　母体血浆孕酮浓度明显降低是母牛分娩时子宫颈开张和子宫肌收缩的先决条件。在妊娠期内孕酮一直处于一个高而稳定的水平，以维持子宫相对安静且稳定的状态。黄体依赖性的产前胎儿皮质醇的升高，除了促进雌激素的合成外，还能引起子宫肌前列腺素的分泌活动增强，从而导致黄体退化，在分娩前几天孕酮含量明显降低。

2. 雌激素　随着妊娠时间的增长，在胎儿皮质醇增加的影响下，胎盘产生的雌激素逐渐增加，在分娩前 16～24 h 达到高峰，从而提高子宫肌的规律性收缩能力，而且能使子宫颈、阴道、外阴及骨盆韧带（包括坐骨韧带、荐髂韧带）变得松软。雌激素还可促进子宫肌前列腺素（$PGF_{2\alpha}$）的合成和分泌，以及催产素受体的发育，从而导致黄体退化，提高子宫肌对催产素的敏感性。

3. 催产素　催产素在妊娠后期到分娩前一直维持在很低的水平，妊娠期间子宫的催产素受体数量很少，子宫对催产素的敏感性低。随着妊娠的进行，子宫催产素的受体浓度逐渐增强，子宫对催产素的敏感性也随之增强，妊娠末期敏感性可增大 20 倍。所以到了妊娠末期，少量催产素即可引起子宫强烈收缩。在分娩时，胎儿进入产道后催产素大量释放，并且是在胎儿头部通过产道时出现高峰，使子宫发生强烈收缩。因此，催产素对维持正常分娩具有重要作用，但可能不是启动分娩的主要激素。

4. 前列腺素（$PGF_{2\alpha}$）　对分娩发动起主要作用，表现为溶解妊娠黄体，解除孕酮的抑制作用；直接刺激子宫肌收缩；刺激垂体后叶释放大量催产素。分娩前 24 h，母体胎盘分泌的前列腺素浓度剧增。

5. 松弛素　主要来自黄体和胎盘，它可使经雌激素致敏的骨盆韧带松弛，骨盆开张，子宫颈松软，产道松弛，弹性增加。

（四）物理与化学因素

胎膜的增长、胎儿的发育使子宫体积扩大，重量增加。特别是妊娠后期，胎儿的迅速发育、成熟，对子宫的压力超出其承受的能力就会引起子宫反射性的收缩，引起分娩。当胎儿进入子宫颈和阴道时，刺激子宫颈和阴道的神经感受器，反射性地引起母体垂体后叶释放催产素，从而促进子宫收缩并释放前列腺素。

（五）免疫学因素

胎儿带有父母双方的遗传物质，对母体免疫系统来说是异物，理应引起母体产生免疫排斥反应，但在妊娠期间由于胎盘屏障和高浓度的孕酮等多种因素的作用，使这种排斥反应受到抑制，妊娠得以维持。胎儿发育成熟时，会引起胎盘脂肪变性。临近分娩时，由于孕酮浓度的急剧下降和胎盘的变性分离，使孕体遭到免疫排斥而与子宫分离。

四、分娩助产技术

（一）正常分娩时的助产

母牦牛正常分娩时，一般不需要人为帮助，助产人员的主要任务是监视分娩情况和护理犊牛。因此，当母牦牛出现临产征兆时，助产人员必须做好临产处理准备，实施助产，保证牦牛犊顺利产出和母牦牛安全。

（二）助产前的准备

1. 产房　对产房的一般要求是宽敞、清洁、干燥、安静、无贼风、阳光充足、通风良好、配有照明设备。产房在使用前要进行清扫消毒，并铺上干燥、清洁、柔软的垫草。

2. 器械及用品　在产房内应事先准备好常用的接产药品器械及用具，并放在固定位置，以便随时取用。常用的药械包括 70%酒精、5%碘酒、消毒溶液、催产药物等，注射器、针头、常用产科器械、体温计、听诊器。常用品有棉花、纱布、产科绳、毛巾、肥皂、脸盆、大块塑料布，助产前必须准备好热水。

3. 助产人员　助产人员应受过专业训练，熟悉母牦牛的分娩规律，严格遵守助产操作规程及值班制度。

（三）助产方法

当母牦牛表现不安等临产征兆时，应使产房内保持安静，指定专人注意观察。助产工作应在严格遵守消毒的原则下进行。

1. 消毒　将母牦牛外阴、肛门、尾根及后臀部先用温水、肥皂洗净擦干，再用 1%来苏儿溶液消毒。同时，对助产人员手、臂进行消毒。

2. 检查胎儿与产道的关系　母牦牛最好是左侧着地卧下，以减少瘤胃对胎儿的压迫。当母牦牛开始努责时，如果胎膜已经露出而不能及时产出，应注意检查胎儿的方向、位置和姿势是否正常。只要胎儿胎位和姿势正常，可以让其自然分娩，如有反常应及时矫正。当胎儿蹄、嘴、头大部分已经露出阴门仍未破水时，可用手指轻轻撕破羊膜绒毛膜或自行破水后，及时将牛犊鼻腔和口内的黏液擦去，以使其呼吸。

3. 注意保护会阴与阴唇　胎儿头部通过阴门时，要注意保护阴门和会阴部。尤其当阴门和会阴部过分紧张时，应有一人用两手搂住阴唇，以防止阴门上角或会阴撑破。如果母牦牛努责无力，可用手或产科绳缚住胎儿的两前肢掌部，同时用手握住胎儿下颌，随着母牦牛努责，左右交替用力，顺着骨盆产道的方向慢慢拉出胎儿。倒生胎儿应在两后肢伸出后及时拉出，因为当胎儿腹部进入骨盆腔时，脐带可能被压在骨盆底上，如果排出缓慢，胎儿容易窒息死亡。手拉胎儿时，注意在胎儿的骨盆部通过阴门后，要放慢拉出速度，以免引起子宫脱出。胎儿产出后发生窒息现象时，应及时清除其鼻腔和口腔中的黏液，并立即进行人工呼吸。

4. 帮助断脐和哺乳　在胎儿全部产出后，首先用毛巾、软草把鼻腔内的黏液擦净，然后把犊牛身上的黏液擦干。多数犊牛生下来脐带可自然扯断。如果没有扯断，可在距胎儿腹部 10～12 cm 处涂擦碘酊。然后用消毒的剪刀剪断，在断端再涂上碘酊。处理脐带后要称初生重、编号，填写犊牛出生卡片，放入犊牛保育栏内，准备喂初乳。

五、新生犊牛的护理

（一）保证犊牛呼吸畅通

胎儿产出后，立即擦净口腔和鼻孔的黏液，观察呼吸是否正常。若无呼吸，应立即用草秆刺激鼻黏膜，或用氨水棉球放在鼻孔上，诱发呼吸反射。也可将胶管插入鼻腔及气管内，吸出黏液及羊水，必要时可进行人工呼吸。

（二）脐带处理

母牦牛正常分娩时，脐带一般被扯断。应在脐带基部涂上碘酒，或以细线在距脐孔 3 cm 处结扎，向下隔 3 cm 再打一线结，在两结之间涂以碘酒后，用消毒剪剪断，也可采用烙铁切断脐带。

（三）擦干犊牛体表

对于出生后的犊牛，母牦牛一般情况下会舔干其体表，否则应人为擦干。

（四）尽早吮食初乳

母牦牛产后前几天分泌的乳汁为初乳，分娩后 4～7 d 变为常乳。初乳营养丰富，并含有大量免疫抗体，对于犊牛提高抗病能力十分必要。因此，待体表被毛干燥后，犊牛即试图站立，此时即可吮乳。对于母性不强者，应辅助犊牛吮食初乳。

（五）检查胎衣

胎衣排出后，应检查是否完整，并及时移走处理，防止母牦牛吞食胎衣。

六、产后母牦牛的护理

分娩和分娩以后，由于胎儿的产出、产道的开张，以及产道和黏膜的损伤，母牦牛体力大量消耗，特别是子宫内恶露的存在，加之母牦牛在这段时间抵抗力降低，都为微生物入侵和感染创造了条件。为使产后母牦牛尽快恢复正常，应对其进行妥善的饲养管理。

对产后母牦牛的外阴和臀部要做认真的清洗和消毒，勤换洁净的垫草。供给质量好、营养丰富和容易消化的饲料，一般在 1～2 周内转为常规饲料，注意观察产后母牦牛的行为和状态，发现异常情况应立即采取措施。

（一）子宫恢复

分娩后，子宫黏膜表层发生变性、脱落，原属母体胎盘部分的子宫黏膜被再生的黏膜代替。子宫叶阜的高度降低、体积缩小，并逐渐恢复到妊娠前的大小。在黏膜再生的过程中，变性脱落的子宫黏膜、白细胞、部分血液、残留在子宫内的胎水，以及子宫腺分泌物等被排出，这种混合液体称为恶露。最初为红褐色，继而变为黄褐色，最后变为无色透明。牦牛恶露排尽的时间为 10～12 d。恶露持续的时间过长或者颜色异常，有可能是子宫病理变化的反应。

随着子宫黏膜的恢复和更新，子宫肌纤维也发生相应的变化。开始阶段子宫壁变厚，体积缩小，随后子宫肌纤维变性，部分被吸收，使子宫壁变薄并逐渐恢复到接近原来的状态。牦牛子宫复原的时间为 9～12 d。

（二）卵巢恢复

母牦牛卵巢上的黄体到分娩后才被吸收，产后第一次发情出现较晚，而且往往只排卵而无发情表现。产后给犊牛哺乳或增加挤奶次数，会使产后发情排卵的时间延长。

第八章 牦牛繁殖增产技术

为提高牦牛繁殖效率，研究人员开发出了一系列与生产实践密切相关的繁殖综合配套技术与方法，统称为牦牛繁殖增产技术。牦牛繁殖增产技术主要有牦牛带犊繁育技术和牦牛早期断奶技术等。

第一节 牦牛带犊繁育技术

带犊繁育是母牦牛产后，在其哺乳牛犊阶段仍可以配种并妊娠的生产方式。该方式结合母牦牛的产后生殖生理特点和犊牛的生长发育特点，针对母牦牛带犊饲养体系的特殊性，将传统与现代的饲养技术综合配套，解决母牦牛带犊体系中妊娠阶段补饲和产后母牦牛饲养管理方面易出现的问题。依据犊牛生产方向的不同，确定不同的饲养方案，推行犊牛代乳粉使用及早期断奶补饲技术，建立母牦牛带犊繁育技术体系。

一、犊牛哺乳

(一) 常乳哺乳期的特点

犊牛经过 5～7 d 初乳期之后，自哺喂常乳至完全断奶的这段时间称为常乳期。这一阶段是犊牛体尺、体重增长和胃肠道发育最快的时期，尤其以瘤胃、网胃的发育最为显著。此阶段是由真胃消化向复胃消化转化的阶段，由饲喂奶品向饲喂固体料过渡。犊牛哺乳期的长短应根据犊牛的品种、发育情况、饲养水平等具体情况来确定。精料条件较差时，哺乳期可定为 5～7 个月；精料条件较好时，哺乳期可定为 4～6 个月；如果采用代乳粉和补饲犊牛料，哺乳期则可缩短至 3～5 个月。

(二) 哺乳的方法

牦牛哺喂常乳主要分为随母哺乳法、保姆牛哺乳法和人工哺乳法。一般犊牛采用随母哺乳法，如果母牦牛产后死亡、虚弱、缺乳或母性不佳，不能进行自然哺乳时，可采用代乳或人工哺乳法。

1. 随母哺乳法 随母哺乳法是指犊牛出生后跟随母牦牛哺乳、采食和放牧，哺乳期通常为 6 个月左右，长的可达 7～8 个月。随母哺乳法是目前最常用的哺乳方法。该方法使犊牛容易管理、节省劳动力，但是增加了母牦牛的饲养管理成本。

2. 保姆牛哺乳法 保姆牛哺乳法是指采用因分娩过程中犊牛死亡的母牦牛作为代乳牛进行哺乳的方法。此法的优点是充分利用了犊牦牛和无犊母牦牛的各自需求，发挥效益最大化，缺点是开始哺乳时需要人为引导，增加了劳动成本。

3. 人工哺乳法 人工哺乳时，自初乳至常乳的变更过程应注意逐渐过渡（4~5 d），以免造成犊牛消化不良。同时做好定质、定量、定温、定时哺喂。人工哺乳的方式有用带奶嘴的奶壶喂和桶喂两种方式。如采用奶壶喂的方式，奶壶要固定，开始几次要用手引导犊牛吸入，喂完后用干毛巾擦干犊牛嘴角周围奶液。在用桶喂时，由于缺乏对口腔感受器的吮吸刺激作用，食管沟闭合不完全，往往有一部分乳汁流入瘤胃和网胃，经微生物作用发酵、产酸，造成犊牛的消化不良。因此，用带奶嘴的奶壶喂效果较好。

二、犊牛哺乳期的管理

犊牦牛出生后，母牦牛舔干其体表胎液，经5~10 min后多能够站立，吮食母乳并随母牦牛活动。犊牦牛随月龄增长而哺乳量增加，母乳越来越不能满足其需求，促使犊牛加强采食牧草。犊牦牛2周龄后即可采食牧草，3月龄可大量采食牧草。同成年牛相比，犊牦牛每日采食时间较短，卧息时间长，其余时间游走、站立。犊牦牛活动特点在放牧中应给予重视，应分配好的牧场，保证所需的休息时间，减少哺乳母牦牛挤乳量，以满足犊牦牛对营养的需要。

（一）吮食初乳

初乳即母牦牛在产犊后的最初几天所分泌的乳液，营养成分比正常乳高1倍以上。犊牛吮食足量初乳，可排尽其胎便。如果吮食初乳不够，则会引起出生后10 d左右患肠道便秘、梗塞、发炎等肠胃疾病，进而导致生长发育不良。更为重要的是初乳中含有大量免疫球蛋白、乳铁蛋白、微量元素和溶菌酶等物质，能对防止一些病原微生物的感染起到很大作用，如大肠杆菌、肺炎双球菌、布鲁氏菌和病毒。

（二）哺乳管理

犊牦牛出生后的6个月中，如果在全哺乳或母牦牛日挤乳一次并随母放牧的条件下，日增重可达450~500 g，断奶时体重可达90~130 kg。该时期是牦牛生长最快的阶段，应充分利用幼龄牛此阶段的生长优势进行放牧育肥。哺乳牦牛一般需诱导条件反射才能泌乳，诱导条件反射分为犊牛吮食和犊牛在母牦牛身边两种，是原始牛种反射泌乳的规律。所以强行拉走刺激母牦牛反射泌乳的犊牛，要避免乳汁呛入犊牛肺内引起咳嗽，甚至患异物性肺炎。应改为一手拉脖绳，另一手托犊牛股部引导拉开。在牦牛哺乳期，为了缓解人与犊牛争乳矛盾，一般日挤乳一次为好。尽量减少因挤乳母牦牛系留时间延长，导致采食时间缩短，得不到充足的营养补给，体况欠佳，其连产率和繁活率都会受到较大的影响。

（三）适时补饲

为了加快牦牛选育的进度，当犊牛会采食牧草以后（约出生后 2 周）可补饲简易混合料或补喂食盐，用以增加食欲和对牧草的转化率。如不能实行每日补饲，应尽量做到每隔 3～5 d 补喂一次。

（四）及时断奶

犊牛哺乳至 6 月龄（即进入冬季）后，一般应断奶并分群饲养。如果一直跟随母牦牛哺乳，会导致犊牦牛恋乳和母牦牛带犊，两者均不能很好地采食。在这种情况下，妊娠母牦牛无法获得干乳期的生理补偿，不仅影响到母、犊牦牛的安全越冬过春，而且使母牛、胎儿的生长发育受到影响，如此不良循环，很难获得健壮的犊牛及提高牦牛的生产性能。为此，对哺乳满 6 个月的犊牦牛进行分群断奶，对出生迟、哺乳期不足 6 个月且母牛当年未孕者，可适当延长哺乳期。

三、母牦牛的饲养管理技术

母牦牛的饲养管理会影响其繁殖能力。用传统饲养方式，经常会因为管理不周或技术不到位等因素，导致母牦牛流产、空怀、产犊率降低，进而降低繁殖力，影响经济效益。因此，必须采取科学的饲养管理方式，例如，对繁殖母牦牛分群，以简化牛群管理和节省劳动力。根据母牦牛不同时期营养需求实施具体操作，以提高母牦牛的繁殖能力，增加经济效益。

（一）妊娠期的饲养管理

妊娠母牦牛摄入营养不但要维持本体需要，还需供给胎儿生长发育和维持产后泌乳。因此，要加强妊娠母牦牛的饲养管理，保证胎儿在母体中的正常发育，这样可有效避免流产和死胎的现象，为后续犊牛生长、母牦牛再受孕和延长母牦牛繁殖年限打下良好的基础。特别是冬季妊娠母牦牛的饲养管理，更应科学严格地进行。

妊娠的前 5 个月胎儿各组织、器官正处于分化阶段，生长较缓慢，所需营养物质较少，可以按照空怀期母牦牛的标准进行饲喂，主要以粗饲料为主。在妊娠 5 个月以后，应加强饲料的营养水平，补饲精料。妊娠最后 3 个月是胎儿快速增重的阶段，一般增重达到犊牛初生重的 70%～80%，需要吸收母体大量的营养物质，而且母牦牛在妊娠期也会增重 45～70 kg。为保证产犊后的正常泌乳和再生产，该时期应充分保证妊娠母牦牛的营养，如加喂胡萝卜与精饲料等，以保持妊娠母牦牛中上等膘情。除保证营养外，妊娠期母牦牛的牛舍也应保持清洁干燥和通风良好，冬季需要做好牛舍的保温、光照等工作；放牧时青草季节延长放牧时间，枯草季节补饲青绿草料；使妊娠母牦牛有充足的运动，做好保胎工作，以增强母牛体质、促进胎儿发育和防止难产。

（二）泌乳期的饲养管理

母牦牛产犊期多出现在 3—5 月，这是其在青藏高原牧草的季节性生产及气候变化条件下产生的适应机制。母牦牛应在分娩前两周逐渐增加精料喂食。母牦牛分娩后，体内水分、糖分、盐分等物质损失巨大，机体尚处于恢复阶段。此时，身体虚弱，消化机能减弱，并且还要泌乳，因此对饲养管理的要求也要随之增高。分娩后的 1～2 d 需饲喂易消化的饲料，不要供给凉水。哺乳期的饲喂管理对母牦牛的泌乳、产后发情、再次配种受胎都很重要，此时能量、蛋白质、钙、磷等化合物较其他生理阶段都有不同程度的增加。泌乳期母牦牛乳汁营养缺乏会导致犊牛生长受阻，易患腹泻、肺炎、佝偻病等，还会导致母牛产后发情异常，降低受胎率。待分娩两周以后母牦牛的恶露排净，乳房生理肿胀消失，消化与食欲恢复正常后，可按标准量饲喂哺乳期母牦牛，并逐渐加喂青贮、块茎饲料。泌乳盛期时，需要喂食高能量饲料，以品质好、适口性强的干物质和精料为主，但不宜过量。分娩 3 个月后，母牦牛产奶量开始逐渐下降，应逐渐减少母牛精饲料的喂食，并加强运动与饮水，避免产奶量的急剧下降和母牦牛过度肥胖，影响犊牛生长发育和母牦牛的发情和受胎。

第二节　牦牛早期断奶技术

犊牛早期断奶技术是尽早使犊牦牛能够采食牧草而脱离饲喂母乳的技术。该技术可以有效地降低牦牛的饲养成本，提高生产效率，增强市场的竞争力。训练犊牛早期采食粗饲料，极大刺激瘤胃发育，以达到早期断奶的目的，有利于犊牛生长，增强其抗病能力，从而降低各种患病感染的致死率。通过早期断奶还可以极大提高商品奶用量，节约劳动力输出，降低培育同等数量犊牛需要的设备投资，提高劳动效率，降低总体生产成本。

一、牦牛早期断奶的目的意义

通过饲喂早期代乳料实施犊牛早期断奶，可刺激犊牛瘤胃的发育，锻炼和增强其消化机能和耐粗饲能力，提早建立健全瘤胃微生物系统，从而使犊牛提前过渡到反刍阶段，有益于犊牛的生长发育。早期断奶的犊牛消化道疾病的发病率也较一般断奶犊牛低。犊牛早期断奶可提早结束母牦牛的哺乳期，减轻哺乳母牦牛的泌乳负担，有利于母牦牛的体况恢复，促使母牦牛发情周期的提前，使母牦牛一年一产成为可能。早期断奶还可以减少母牦牛代谢性疾病的发生，延长母牦牛的使用年限。在放牧条件和环境比较艰难、牧草质量相对较低的情况下，早期断奶是一种高效利用牧草资源的放牧管理模式。

二、早期断奶调控母牦牛发情技术

繁殖是牦牛生产中的关键环节，采取早期断奶措施可以显著提高母牦牛发情率，是提高母牦牛繁殖效率的一项有效措施。

（一）牦牛的选择与早期断奶

1. 牦牛的选择　选择健康无病、4～6岁、4月份产犊的经产母牦牛。

2. 早期断奶　母牦牛于产犊后集中断奶处理（犊牛90～120日龄），同时对母牦牛进行称重和测量体尺。然后，将母牦牛与犊牛分别组群于水草丰盛的不同区域围栏内放牧饲养，保障母牦牛营养需要。

3. 犊牛管理　断奶犊牛组群后由专人负责补饲加放牧管理，未断奶犊牛随母牦牛哺乳放牧。

（二）早期断奶对母牦牛发情的影响

1. 连产率　带犊母牦牛在发情季节不发情，致使牦牛的连产率降低。牦牛通常全年放牧，还需越过一个漫长的枯草期，势必会影响母牦牛的连产率。在牦牛发情的高峰季节8月份进行犊牛断奶，可以有效提高母牦牛的发情率。早期断奶的时间和饲草料的有效保障是实现母牦牛当年产犊后及时发情的两个关键点。

2. 发情率　母牦牛如果在9月初进行断奶，在第7～11天发情比较集中，从第12天开始发情就基本停止。而在8月初断奶，母牦牛从第5天开始发情，在第9～15天发情比较集中，而且发情持续到断奶后的第24天，发情率也高。补饲情况下，断奶和未断奶3月龄和4月龄犊牛生长发育情况无显著差异。因此，8月份对犊牛进行断奶，可以有效提高母牦牛的发情率，而且第二年产犊将提前1个月，第二年也可以对犊牛进行断奶，这样就可以使母牦牛繁殖模式从两年一产转变到一年一产。母牦牛断奶后只要营养水平有所提升，母牦牛的发情率就会得到提高。母牦牛的营养水平如果下降，其发情率也就降低，甚至会停止发情。

三、犊牛的饲养管理

犊牛早期断奶，如不影响犊牛的生长发育，可以节约大量全乳，大大降低后备牛的培育成本。同时，早期断奶较早刺激犊牛采食饲料，可促进其消化器官的发育，减少消化道疾病的发生率，提高犊牛的成活率和培育质量。在传统放牧管理模式下，犊牛的断奶方法为自然断奶，通过犊牛逐渐开始自主采食，母牦牛再繁育，犊牛和母牦牛逐渐分离。犊牦牛多在 1.5～2 岁进行自然断奶。母牦牛对犊牛的长期哺乳，往往造成产后母牦牛乏情期延长，严重制约了其繁殖能力。犊牦牛跟随母牦牛放牧时，2 周龄左右开始尝试采食牧草，3 月龄左右已经可以大量采食牧草，故在犊牦牛 3 月龄时进行断奶，其成活率已经基本能得到保证，且该时期恰好处在母牦牛的发情期。此外，犊牦牛 3 月龄时正处 8 月份，此时放牧草场上的牧草还处于生长季，且环境气候较温和，犊牦牛可以较好地适应其采食环境。

（一）开食料供应

犊牛出生饲喂初乳或常乳后，应该逐渐转为开食料的饲喂，于 10 d 内首先诱饲精饲料，饲喂量要逐渐增加，在此期间要保证犊牛有充足的新鲜饮水。10 d 后，可任犊牛自由采食草料。

（二）犊牛断奶过渡

如果犊牛能够连续 3 d，每天采食 0.75～1.00 kg 开食料，便可开始断奶，并由犊牛自由采食开食料。断奶最难的时期是最初的 2 d，母牦牛和犊牛都不适应，可以采用母犊隔离饲养。犊牛 2 个月后要逐渐增加饲喂生长料，并减少开食料的饲喂。

（三）犊牛冬季保暖

为了确保犊牛能够顺利度过严寒的冬季，犊牛牛舍地面上可增加厚草垫，四周安装单层彩钢瓦，舍顶安装浴霸灯，以提高舍内温度。

四、母牦牛的饲养管理

母牦牛自身的营养摄入和对犊牛的哺乳是影响其发情的两大重要因素。提高母牦牛发情率是改善牦牛一年一胎发生率的有效手段，其手段主要包括对母牦牛进行补饲和对犊牦牛行进断奶。在母牦牛的放牧管理中，通过冷季（12月至次年 4 月）补饲燕麦干草（1.0～1.5 kg/d）可使约 70%的母牦牛在产犊后 40 d 内进入发情期，而未补饲牦牛仅为 25％。此外，对处于围产期的母牦牛进行冷季补饲浓缩精料（250 g/d），产犊后出现当年发情的母牦牛发情率可达 41％，而未补饲母牦牛发情率仅为 13％。由此可见，冷季补饲对于改善母牦牛体况及缩短其产后乏情期具有显著的效果。

牦牛饲养管理篇

第九章　牦牛饲料生产与加工调制技术

牦牛常见饲料性质或来源不同，其类型不同。不同的饲料来源，营养价值、饲喂效果不同。牦牛的常用饲料有青干草、秸秆饲料、青饲料、籽实类饲料、饼粕类饲料、块根块茎等。为了提高各种饲料的利用效率，使饲料报酬最大化，利用各种物理或化学手段对常用饲料原料进行加工调制，不仅可以改善饲料的适口性，而且提高了饲料的利用价值。

第一节　青干草的加工与调制

调制青干草的目的是获得容易贮藏的干草，含水量从 65%～85% 降低到 15%～20%，使青饲料的含水量降低到足以抑制植物酶与微生物酶活动的水平，尽量保持原来牧草的营养成分，具有较高的消化率和适口性。

一、牧草干燥的原则

根据牧草干燥时水分散发的规律和营养物质变化情况，一是干燥时间要短，以减少生理和化学作用造成的损失；二是牧草各部位含水量力求均匀，有利于贮藏；三是防止被雨水和露水打湿。

二、牧草的干燥方法

牧草干燥方法可分为自然干燥法和人工干燥法。自然干燥又分为田间干燥、草架干燥和发酵干燥，目前多采用田间干燥法。人工干燥分为高温快速干燥法和风力干燥法。

1. 田间干燥法　调制干草最普通的方法，是刈割后在田间晒制。应选择晴好天气晒制干草。水分蒸发的快慢，对干草营养物质的损失量有很大影响。因植物酶与微生物酶对养分的分解，一直到含水量降至 38% 才停止。因此，青饲料刈割后，应先采用薄层平铺暴晒 4～5 h，使水分尽快蒸发。当干草中水分降到 38% 后，要继续蒸发减少到 14%～17%。应采用小堆晒干法，以避免阳光长久照射严重破坏胡萝卜素，同时也有较大的防雨能力。为提高田间的干燥速度，可采用压扁机压扁，使植物细胞破碎；也可采用传统的架上晒制干草。采用田间机械快速干燥技术与谷仓干燥装置，可大大提高青干草调制效率。在晒制干草（特别是豆科干草）过程中，应轻拿轻放，防止植物最富营养的叶片脱落。

调制干草，往往正逢雨季。由于雨水浸润、植物酶与微生物酶活动时间延长及霉菌滋生等，可使干草中的营养物质产生重大损失。青藏高原草原气候比较寒冷，推迟到 5 月份播种的燕麦草，在 9 月份早霜来临时被冻死冻干，但仍保持绿色，这时再刈割保存，称为冻青干草。采用这种方式可避开雨季。

2. 人工干燥干草 将新鲜青草在 45～50 ℃的室内停留数小时，使水分含量降至 5%～10%，或在 500～1 000 ℃下干燥 6 s，使水分降到 10%～12%。这种干燥方式可保存干草养分的 90%～95%。在 1 kg 人工干燥的草粉中，含有 120～200 g 蛋白质和 200～350 mg 胡萝卜素，但缺乏维生素 D。高温快速干燥法一般用于草粉生产。

三、干草的堆垛与贮藏

堆垛的基本要求是垛要坚实、均匀，减少受雨面积，以降低养分的损失。如果堆垛干草含水量超过 18%，调制好的干草也会发霉、腐烂。一般情况下，用手把干草搓揉成束时能发出"沙沙"声及干裂的"嚓嚓"声，这样的干草含水量为 15%左右，适于堆垛贮藏。

在贮存过程中，干草的化学变化与营养成分损失仍在继续。水分含量较高时损失大，如果含水量少于 15%，贮存期间就很少或不发生变化。青藏高原一般以草垛形式贮存干草。堆垛的地形要高，排水良好，背风或与主风向垂直，便于防火。垛底用木头、树枝、秸秆等垫起铺平，四周有排水沟。堆垛时，垛的中间要比四周边缘高。含水量高的干草，应堆集在草垛上部。注意垛内干草因发酵生热而引起的高温，升到 45～55 ℃或以上时，采取通风眼通风的方法进行散热。堆好后，须盖好垛顶，顶部斜度应为 45°以上，有条件的地方可以搭建青草棚或者饲草料库房。

四、干草品质鉴定

良好的干草颜色为鲜绿或灰绿色，有香味，质地不坚硬，不木质化，叶片含量适当，有适量花序，收割期适时，贮藏良好；劣质干草呈褐色，发霉，结块，不适于饲喂牦牛。

第二节　秸秆饲料的加工与调制

农作物秸秆类饲料经适当加工调制，可以改变原来的体积和理化性质，提高适口性，减少饲料浪费，改善消化性，提高营养价值和饲用价值。

一、物理处理

1. 切碎、粉碎和制成颗粒饲料 切碎可提高牦牛的采食量并减少浪费。通过铡短、粉碎、揉搓等方法，使秸秆长度变短，增加瘤胃微生物与秸秆的接触面积，可提高采食量和纤维素降解率。揉搓处理是通过揉搓机的强大动力将秸秆加工成细絮状物，并铡成碎段，可提高适口性和秸秆利用率。玉米秸秆经铡短揉碎后可以提高采食量 25%，提高饲料效率 35%。若能把秸秆粉碎压制成颗粒再饲喂牦牛，其干物质的采食量可提高 50%。颗粒饲料质地较硬，能满足在瘤胃中的机械刺激作用。在瘤胃碎解后，有利于微生物的发酵和皱胃的消化，能使饲料效果大大提高。若能按照不同牦牛类型的营养需要在秸秆中配入精料，则会得到更好的饲喂效果。

2. 浸泡 是把切碎的秸秆加水浸湿、拌上精料饲喂。也可用盐水浸泡秸秆 24 h，再拌以糠麸饲喂牦牛。此法只能提高秸秆的适口性与采食量。

3. 蒸煮 此法能显著增加秸秆的适口性，软化纤维素，但不能提高秸秆的消化率和营养价值，应在 90 ℃下蒸煮 1 h，再置于箱内干燥 2～3 h。

4. 秸秆碾青 在碾场上铺 30 cm 厚的麦秸，上面铺 30 cm 厚的青苜蓿，其上再铺盖 30 cm 厚的麦秸。然后，用石滚碾压。苜蓿压扁后流出的汁液被麦秸吸收，干燥加快，叶片脱落的损失减少，同时麦秸的适口性与营养价值也得到了提高。

二、化学处理

用碱性化合物如氢氧化钠、石灰、氨及尿素等处理秸秆，可以打开纤维素、半纤维素与木质素之间对碱不稳定酯键，溶解半纤维素、一部分木质素及硅，使纤维素膨胀，暴露出其超微结构，从而有利于消化酶与之接触，提高纤维素的消化率。强碱（如氢氧化钠）可使多达 50% 的木质素水解。化学处理不仅可以提高秸秆的消化率，而且能够改进适口性，增加采食量。

1. 秸秆氨化处理的优点 秸秆氨化处理后有机物消化率可提高 8%～12%，秸秆的含氮量也相应提高。此法可提高适口性，增加采食量。采食速度可提高 20%，采食量提高 15%～20%。

氨化秸秆可提高生产性能，降低饲养成本。氨化秸秆有防病作用。氨是一种杀菌剂，1% 的氨溶液可以杀灭普通细菌。在氨化过程中氨的浓度为 3% 左右，等于对秸秆进行了一次全面消毒。此外，氨化秸秆可使粗纤维变松软，容易消化，也减少了胃肠道疾病的发生。

氨化秸秆可缓冲瘤胃酸碱度。减少精料蛋白质在瘤胃中的降解，增加过瘤胃蛋白质，提高蛋白质的利用率。同时可预防牦牛育肥期常见的酸中毒。氨化饲料可长期保存。开封后，若1周内不能喂完，可以把全部秸秆摊开晾晒，待其水分含量低于15%后堆垛长期保存。

2. 秸秆氨化制作方法与步骤

（1）无水氨或液氨处理法　在地面或地窖底部铺塑料膜，膜的接缝处用熨斗焊接牢固。一般秸秆垛宽2 m、高2 m，垛的长短根据秸秆的数量而定。铺垫及覆盖的塑料膜四周要富余0.5～0.7 m，以便封口。向切碎（或打捆）的秸秆喷入适量水分，使其含水量达到15%～20%，混入堆垛，在长轴中心埋入一根带孔的硬塑管或胶管，然后覆盖塑料膜，并在一端留孔露出管端。覆膜与垫膜对齐折叠封口，用沙袋、泥土把折叠部分压紧，使其密封，然后用高压橡胶管连接无水氨或氨氮贮运罐与垛中胶管。冬天环境温度在8 ℃左右时，添加无水氨或液氨量按每100 kg干秸秆添加2 kg计算；夏天环境温度在25 ℃左右时，添加无水氨或液氨量按每100 kg干秸秆添加4 kg计算。添加后把管子抽出封口。夏天不少于30 d，冬天不少于60 d即可达到氨化效果。操作人员必须佩戴防毒面具、耐酸碱手套。无水氨或液氨处理成本低，效果好，但需要专门的无水氨或液氨贮运设备与计量设备。

（2）尿素或碳铵处理法　氨化池或窖可建在地上或地下，也可以一半地上一半地下。以长方形为好，如在池或窖的中间砌一堵隔墙，即双联池则更好，可轮换处理秸秆。制作时先将秸秆切至2 cm左右，玉米秸秆需切得再短些，较柔软的秸秆可以切得稍长些。每100 kg秸秆（干物质）添加3～5 kg尿素（碳铵6 kg），20～30 kg水；如果再加0.5%的盐水，适口性更好。被处理秸秆的含水量为25%～35%。将尿素溶于温水中，分数次均匀地洒在秸秆上，如果在入窖前将秸秆摊开喷洒则更为均匀。边装边踩实，待装满窖后用塑料膜覆盖密封，再用细土压好即可。用尿素氨化达到氨化效果的最佳时间，可根据气温的变化而决定，当日间气温高于30 ℃时需10 d左右；20～30 ℃时需10～20 d；10～20 ℃时需20～35 d；0～10 ℃时需35～60 d。

3. 影响氨化效果的因素

（1）温度　无水氨和液氨处理秸秆要求较高的温度，温度越高，氨化越快越好。液氨注入秸秆垛后，温度上升很快，在2～6 h可达到最高峰。温度的上升决定于开始的温度、氨的剂量、水分含量和其他因素，但一般变动在40～60℃。最高温度在垛顶部，1～2周后下降并接近周围温度，周围的温度对氨化起重要作用。所以，氨化要在秸秆收割后不久，气温相对高时进行，但尿素氨化秸秆温度不能太高，夏日尿素氨化秸秆要在阴凉处进行。

（2）时间　氨化时间的长短要根据气温而定。气温越高，完成氨化所需的时间越短；相反，氨化时气温越低，氨化所需时间就越长。尿素氨化秸秆还有一个分解成氨的过程，一般比液氨延长5～7 d。因尿素需在脲酶的作用下水解释放氨的时间约为5 d，只有释放出氨后才能真正起到氨化的作用。

（3）秸秆含水量　水是氨的"载体"，氨与水结合成氢氧化铵（NH_4OH），其中 NH_4^+ 和 OH^- 分别对提高秸秆的含氮量和消化率起作用。水分的含量一般以25%～35%为宜。含水量过低，水会吸附在秸秆中，无足够的水充当氨的"载体"，氨化效果差；含水量过高，不但开窖后需延长晾晒时间，而且由于氨浓度降低会引起秸秆发霉变质，同时对于提高氨化效果没有明显作用。

（4）氨化秸秆的类型　用于氨化的原料主要有禾本科作物和牧草的秸秆，如青稞秸、小麦秸、玉米秸等。最好将收获籽实后的秸秆及时进行氨化处理，以免堆积时间过长而发霉变质，也可根据利用时间确定制作氨化秸秆的时间。秸秆的原来品质直接影响到氨化效果。影响秸秆品质的因素有很多，如品种、栽培的地区和季节、施肥量、收获时的成熟度、贮存时间等。一般来说，原来品质差的秸秆，氨化后可明显提高消化率，增加非蛋白氮含量。

4. 氨化秸秆的品质检验　氨化秸秆在饲喂前要进行品质检验，以确定能否饲喂牦牛。

（1）气味　氨化好的秸秆有一股糊香气味和刺鼻的氨味，而氨化玉米秸秆的气味略有不同，既有青贮的酸香味，又有刺鼻的氨味。

（2）颜色　氨化的麦秸为杏黄色；氨化的玉米秸秆为褐色。

（3）pH　氨化秸秆偏碱性，pH 为8.0左右；未氨化的秸秆偏酸性，pH为5.7左右。

（4）质地　氨化秸秆柔软蓬松，用手紧握没有明显的扎手感。

5. 氨化秸秆的饲喂　氨化窖或垛开封后，经检验合格的氨化秸秆需要释放氨1～3 d，去除氨味后，方可进行饲喂。放氨的方法是利用日晒风吹，气温越高越好，将氨化秸秆摊铺晾晒。若秸秆湿度较小，天气寒冷，通风时间可稍长。饲喂前1～3 d将氨化秸秆每日所需的饲喂量取出放氨，其余的再密封起来，以防放氨后水分仍很高的氨化秸秆在短期内饲喂不完而发霉变质。氨化秸秆饲喂牦牛要由少到多，少给勤添。开始饲喂时，氨化秸秆可与谷草、青干草等搭配，7 d 后即可全部饲喂氨化秸秆。使用氨化秸秆要注意合理搭配日粮，适当搭配精料混合料，以提高育肥效果。

三、微生物处理

秸秆微贮饲料就是在粉碎的作物秸秆中加入秸秆发酵菌，放入密封的容器（如水泥池、塑料袋、大水缸等）中贮藏，经一定的发酵过程，使农作物秸秆变成酸香味、牦牛喜食的饲料。微贮饲料具有易消化、适口性好、易制作、成本低等优点。

1. 菌种的配制　将秸秆发酵菌种倒入水中充分溶解，然后在常温下放置 1～2 h，再倒入 0.8%～1.0%食盐水中混合好。菌种的配制见表 9-1。

表 9-1　菌种配制

种　　类	重量 （kg）	发酵活干菌 用量（g）	食盐用量 （kg）	用水量 （L）	贮料含水量 （%）
稻麦秸秆	1 000	3.0	9～12	1 200～1 400	60～70
玉米秸秆	1 000	3.0	6～8	800～1 000	60～70
青玉米秸秆	1 000	1.5		适量	60～70

2. 秸秆长度　不能超过 3 cm，这样易于压实和提高微贮的利用率。

3. 秸秆入池或其他容器　先在底部铺上 20～30 cm 厚的秸秆，均匀喷洒菌液，压实后铺放 20～30 cm 厚的秸秆，再均匀喷洒菌液，直到高于窖口或池口 40 cm。

4. 密封　秸秆装满经充分压实后，在最上面一层均匀洒上食盐粉，用量为 250 g/m³。盖上塑料薄膜，再在上面铺 20～30 cm 的麦秸，再盖上 15～20 cm 厚的湿土。特别是四周一定要压实，不要漏气。

5. 贮存水分的控制与检查　在喷洒菌液和压实过程中，要随时检查秸秆的含水量是否合适，各处是否均匀一致，不得出现夹干层。含水量的检查方法是：抓取秸秆试样，用力握拳，若有水滴顺指缝下滴，则较为适合；若沿着指缝往下流水或不见水滴，应调整加水量。

6. 微贮饲料质量的识别　优质的成品玉米秸秆应呈橄榄绿色。如果呈褐色或墨绿色，说明质量较差。开封后应有醇香和果香气味，并伴有弱酸味。若有腐臭味、发霉味，则不能饲用。

7. 微贮饲料的取用　一般经过 30 d 即可揭封取用。取料时从一角开始，从上到下逐渐取用。要随取随用，取料后应把口盖严。饲喂微贮料的育肥牦牛，喂精料时不要再加喂食盐。牦牛的微贮饲料用量以每头每日 5～8 kg 为宜，可与其他草料搭配饲喂。秸秆自然发酵或加曲发酵，均起软化饲料、改善风味和提高适口性的作用，菌体蛋白与 B 族维生素可能有所增加，但对粗纤维没有影响。

第三节　籽实类饲料的加工与调制

禾谷类与豆类籽实都被以种皮，如牦牛采食时咀嚼不细往往消化不完全，甚至一部分以完整的形式通过消化道，故应对其进行适当的加工调制后再饲喂牦牛。

一、粉碎、磨碎与压扁

将禾谷类籽实与豆类饲料粉碎、磨碎与压扁，可不同程度地增加饲料与消化液、消化酶的接触面积，便于消化液充分浸润饲料，使消化作用进行的比较完全，提高饲料消化率。但也不可粉碎过细，特别是麦类饲料中含谷蛋白质较多，会在肠胃内形成黏着的面团状物而不利于消化，粉碎过粗则达不到粉碎的目的。

适宜的磨碎程度，取决于饲料性质、牦牛年龄、饲喂方式等。一般磨碎到 2 mm 左右或压扁。压扁是将饲料中加入 16% 的水，蒸汽加热到 120 ℃ 左右，用压片机压成片状，干燥并配以各种添加剂即成片状饲料。将大麦、玉米、青稞、高粱等（不去皮）压扁后，饲喂牦牛可明显提高消化率。

二、制成颗粒饲料和挤压处理

将粉碎的饲料制成颗粒饲料，可提高适口性，减少饲喂时的粉尘与浪费。据报道，在热制颗粒饲料过程中，蒸汽处理和高压搓挤可改变麦麸糊粉的消化性，增加可消化能量 30% 和 17%，挤压工艺是：用螺旋搅拌器将磨碎的谷物拌湿（每吨加水 275～400 L），然后用挤压机处理。挤压时温度达到 150～190 ℃，压力达到 2.5～5 MPa，处理时间是 70～85 s，挤压处理后，饲料中仅残存极少量的微生物，大豆籽实等饲料中的抗胰蛋白酶因子减少 80% 左右。

三、浸泡与蒸煮

豆类、饼粕类谷物饲料经水浸泡后［料水比为 1：(1～1.5)］，膨胀柔软，便于咀嚼。蒸煮豆类籽实，可破坏其中的抗胰蛋白酶因子，提高蛋白质消化率和营养价值。对含蛋白质高的饲料，加热处理时间不宜过长（一般 130 ℃，不超过 20 min），否则会引起蛋白质变性，降低有效赖氨酸的含量。不宜对禾本科籽实进行蒸煮，蒸煮反而降低其消化率。

四、焙炒、微波化与膨化

禾谷类籽实饲料，经 130～150 ℃短时间高温焙炒后，一部分淀粉转变成糊精，使适口性提高，但不能提高碳水化合物的消化率，相反降低了蛋白质的生物学价值。微波化是指用红外线 150～180 ℃处理籽实 0.5～1 min，随后在滚筒式饲料粉碎机中压碎，或用压扁机压扁，这种处理使淀粉粒膨胀、碎裂和胶化，故淀粉更易被消化道中的酶作用。爆裂膨化，是将籽实置于 230～240 ℃，30 s 就使籽实膨胀为原来体积的 1.5～2 倍，果皮破裂，淀粉胶化，便于淀粉酶作用。

五、糖化

将富含淀粉的谷类饲料粉碎，经饲料本身或麦芽中淀粉酶的作用，使其中一部分淀粉转变为麦芽糖，提高适口性。具体做法是：将粉碎的谷实分次装入木桶，按 1∶（2～2.5）加入 80～85 ℃的水，搅拌成糊状，在其表面撒一层约 5 cm 厚的干料面，盖以木板，使木桶内的温度保持在 60 ℃左右，3～4 h 即成。为加快糖化过程，提高含糖量，还可以加入占干料重 2% 的麦芽曲，糖化饲料储存时间最好不超过 10 h，以免酸败变质。

六、发芽

籽实饲料发芽一般只用于冬春季给种牦牛提供维生素。具体方法为：用筛子除去大麦籽实中的泥土、沙子及其他杂质后，将其倾倒入水桶中，加入适量的清水（浸没籽实为度），搅拌后捞出浮在水面的空壳和杂质，浸泡 12 h。待麦粒种皮已经膨胀时取出，平铺于盘内（3～4 cm 厚），上面覆盖麻袋，移入发芽室（温度 20～25 ℃），使日光充分照射，并经常使麦粒呈潮湿状态。当芽长到 2～3 cm 时，除去覆盖物，待长到 7～9 cm 时，即可切取饲喂牦牛。

七、高水分籽实湿贮

将含水量 14%～30% 的大麦、燕麦等籽粒直接用机械贮存于内壁防锈的青贮塔内，贮存期间可以形成 0.2%～0.9% 的有机酸（乳酸、醋酸）和醇类，具有甜味。在湿贮谷物中加入 0.8% 的丙酸或 2%～4% 的尿素，可防止霉菌与细菌滋生。

第四节　青饲料的饲喂调制与贮存

青饲料也叫青绿饲料、绿饲料，主要包括天然牧草、栽培牧草、田间杂草、叶菜类、水生植物、嫩枝树叶等。合理利用青饲料，可以节约牦牛养殖成本、提高养殖效益。

一、青饲料的饲喂前调制

调制方法有切碎、浸泡、焖泡、煮熟与打浆等方法。切碎便于牦牛采食、咀嚼，减少浪费，通常切至 $1\sim2$ cm 为宜。青饲料、块根茎类与青贮饲料均可打浆。凡是有苦、涩、辣或者其他怪味的青饲料，可用冷水浸泡或热水焖泡 $4\sim6$ h，然后混以其他饲料进行饲喂，青饲料一般宜生喂，不宜蒸煮，以免破坏维生素和降低饲料营养价值。焖煮不当时，还可引起亚硝酸盐中毒，但是有些青饲料含毒素，如马铃薯茎叶，应煮熟弃水饲喂，对草酸含量高的野菜类加热处理，可破坏草酸，利于钙的吸收。

二、饲料青贮

青贮是在一个密闭的青贮塔（窖、壕）或密封袋中，对原料进行乳酸菌发酵处理，以保存其青绿多汁性及营养物质的方法。其原理是利用乳酸菌在厌氧条件下发酵产生乳酸，抑制腐败菌、霉菌、病菌等有害菌的繁殖，达到牧草保鲜的目的。

1. 一般青贮　依靠乳酸菌在厌氧环境中产生乳酸，使青贮物中 pH 下降，青饲料的营养价值得以保存。青贮的成功主要依赖以下条件。第一，适当的含糖量，原料中的含糖量不应低于 $1.0\%\sim1.5\%$，禾本科牧草，如玉米、高粱、块根块茎类等易于青贮。苜蓿、草木樨、三叶草等豆科牧草及马铃薯茎叶等含糖量低的饲草较难青贮。因此，在青贮时应搭配其他易青贮原料混合青贮，或调制成半干青贮。第二，适当的含水量，一般为 $65\%\sim75\%$，豆科植物最佳 $60\%\sim70\%$，质地粗硬的原料青贮含水量可达 80% 左右，质地多汁、柔嫩的原料以 60% 为宜。玉米秸秆的含水量可根据茎叶的青绿程度估计。含水量越高的作物秸秆在青贮过程中，饲料中的蛋白质损失越多。第三，厌氧环境，在青贮窖中装填青贮料时，必须踩紧压实，排除空气，然后密封，并防止漏气。第四，适当的温度，一般控制在 $19\sim37$ ℃，以 $25\sim30$ ℃为宜。在 35 ℃以下时，发酵时间为 $10\sim14$ d。

（1）青贮建筑及建造要求　青贮建筑有青贮塔、青贮窖与青贮壕等。青贮塔是砖混结构的圆形塔，青贮窖（圆形）与青贮壕（长方形），可用砖混和石块和水泥砌成，土窖、土壕亦可，在地下水位高的地方可用半地下式窖（壕）。各种青贮建筑物均应符合以下基本条件：结实坚固、经久耐用、不透气、不漏水、不导热；必须高出地下水位 0.5 m 以上；青贮壕四角应做成圆形，各种青贮建筑的内壁应垂直光滑，或使建筑物上小下大；窖（壕）址应选择地势高燥、易排水和离牦牛舍近的地方。

青贮建筑物的大小和尺寸，应以装填与取用方便、能保证青贮料质量为原则，根据青贮原料数量和各种青贮饲料的单位容重来确定。青贮窖（壕）的深度以 2.5 m 左右为宜，圆形窖的直径宜在 2 m 以内。青贮壕的宽度以能容纳下取用时运输青贮饲料的车辆为宜，为 3～5 m。小型牦牛养殖场可依据实际情况适当减小宽度。

塑料袋青贮和裹包青贮是近年来开发的新青贮方法，由于制作方法简单，易存储和搬运，在我国农区有较多应用。牧区秋季有一定量的多汁饲料，用上述方法青贮较为方便。制作可选用抗热、不硬化、有弹性、经久耐用的无毒塑料薄膜。规格大小的选择可根据饲养牦牛的多少确定，但不宜太大，以每个包装 25～100 kg 为宜，青贮应选用柔软多汁、易压实的青饲料。贮存时要防止青贮袋破裂，预防鼠虫害。

（2）青贮技术与步骤　第一，青贮原料需注意收割时期。青贮原料适宜的收割期，既要兼顾营养成分和单位面积产量，又要保证较适量的可溶性碳水化合物和水分。豆科牧草的适宜收割期是现蕾至开花期，禾本科牧草为孕穗至抽穗期，带果穗的玉米在蜡熟期收割，如有霜害则应提前收割、青贮。收穗的玉米应在玉米穗成熟后收获，玉米秆仅有下部叶片枯黄时收割青贮；也可在玉米七成熟时，收割果穗以上的部分青贮。野草则应在其生长旺盛期收割。第二，铡短、装填和压紧。原料切碎，含水量越低的牧草，应切割越短；含水量高的可稍长一些。饲喂牦牛的禾本科牧草、豆科牧草、杂草类等细茎植物，一般切成 2～3 cm，粗硬的秸秆，如玉米、高粱等，切割长度以 0.4～2 cm 为宜。装填时，如果原料太干，可加水或加入含水量高的饲料；如果太湿，可加入铡短的秸秆。应先在青贮建筑底部铺 10～15 cm 厚的秸秆或软草，然后分层装填青贮原料。每装 15～30 cm 厚，必须压紧一次，特别要压紧窖（壕）的边缘和四角。第三，封埋。青贮原料装填到高出窖（壕）上沿 1 m 后，在其上盖 15～30 cm 厚的秸秆或软草压紧（如用聚氯乙烯薄膜覆盖更好），然后在上面压一层干净的湿土，踏实。待 1 周左右，青贮原料下沉后，立即用湿土填起。下沉稳定后，再向顶上加 1 m 左右厚的湿土并压紧。为防雨水浸入，最好用泥封顶，周围挖排水沟。

（3）开窖与取用　至少应在装填 40～60 d 后方可开窖取用。如为圆形青贮窖，应揭去表层覆盖的全部土层和秸秆，除去霉层。然后自上向下逐层取用。要保持表面平整。每天取用的厚度应不少于 10 cm，取后必须把窖盖严。对青贮壕，应从一端开始分段取用，每段约为 1 m。揭去上面覆盖的土、草和霉层后，从上向下垂直切取，切不可留阶梯或到处挖用。取用后，最好用塑料薄膜覆盖取用的部位。

青贮窖开封后，应鉴定青贮料的品质，确定其可食性。呈青绿色或黄绿色，具有芳香酸味和水果香味，质地紧密，茎叶与花瓣保持原来状态的，为品质良好的青贮料。呈黄褐色或暗绿色，香味极淡，酸味较浓，稍有酒味或醋酸味，茎叶与花瓣基本保持原状的青贮料，属中等品质。品质低劣的青贮料多为褐色、墨绿色或黑色，质地松软，失去原来茎叶的结构，多黏结成团，手感黏滑或干燥粗硬、腐烂，具有特殊的臭味、霉味，在有条件处，可用实验室方法（pH、含酸量、氨态氮含量）进行鉴定。

青贮料饲喂牦牛初期，牦牛处于适应阶段，应少量饲喂，随后逐渐增加饲喂量，应将青贮料与精料、干草及块根块茎类饲料混合饲喂。不宜给妊娠后期的母牦牛喂青贮饲料，产前 15 d 应停喂。对酸度过大的青贮料，可用 5%～15% 的石灰乳中和。

2. 外加剂青贮　外加剂大体有两类。一类是促进乳酸发酵的物质，如糖蜜、甜菜渣和乳酸菌制剂等；另一类是防腐剂，如甲醛、亚硫酸、焦亚硫酸钠、丙酸、甲酸或矿物酸等。用加酸法，可使青贮饲料的 pH 一开始就下降到需要的程度，从而降低青贮过程中好氧和厌氧发酵的损失。添加外加剂，可使青贮料的营养价值显著提高，在青贮豆科牧草时，最好采用外加剂。

3. 低水分青贮　或称半干草青贮，具有干草和青贮的特点。制作低水分青贮料，使青贮料水分降低到 40%～55%，造成对厌氧微生物（包括乳酸菌）的生理干燥状态抑制其活动，并靠压紧造成的厌氧条件抑制好氧微生物的生长繁殖，来保存青饲料的营养物质。低水分青贮发酵过程弱，养分损失少，总损失量不超过 15%，大量的糖、蛋白质和胡萝卜素被保存下来。

豆科牧草与禾本科牧草均可用于调制低水分青贮料。豆科青草应在花蕾期至始花期刈割，禾本科青草应在抽穗期刈割。刈割后，应在 24 h 内使豆科牧草含水量达到不低于 50%，禾本科不低于 45%。原料必须切成 2～3 cm 长。填装青贮窖必须仔细，可用拖拉机多次镇压。上面用塑料薄膜盖严，再覆盖 20～30 cm 厚的锯末（或秸秆）和泥土。用于装填低水分青贮的青贮窖（塔），内壁要用搪瓷金属板、油漆金属板或钢筋混凝土材料涂油漆，使表面平滑、防蚀、不漏水，也可在窖的内壁铺垫塑料薄膜。

第五节　饼粕类饲料的脱毒与利用

油饼和油粕中含有丰富的蛋白质（30%～45%），但是当前饼粕类未被充分用作饲料的最大障碍是其含有有害物质和毒素，故应严格按照脱毒方法和遵循饲喂的安全用量，饼粕类蛋白质含量高，但缺乏 1～2 种必需氨基酸，宜与其他蛋白质饲料配合使用。

一、菜籽饼的脱毒与适宜喂量

菜籽饼的蛋白质含量和消化率都比大豆饼低，但必需氨基酸较平衡，含赖氨酸较少，蛋氨酸较多。菜籽饼含硫葡萄糖苷，在中性条件下经酶水解，释放出致甲状腺肿物质噁唑烷硫酮和各种异硫氰酸酯与硫氰酸酯，在 pH 低的条件下水解时，会产生毒性更强的氰。菜籽饼的含毒量，因品种和加工工艺而异。甘蓝型品种含毒量低于白菜型品种。机榨饼中毒素含量较压榨-浸提的油粕高。菜籽饼的脱毒有坑埋法、硫酸亚铁法、碱处理法、水洗法、蒸煮法等。据报道，脱毒效果较好，营养物质保存效果也好的方法是坑埋法和硫酸亚铁法。

坑埋法的具体做法是选择向阳、干燥、地温较高处，开挖长方形坑道（宽 0.8 m，深 0.7～1 m，长度视所埋菜籽饼量而定）。先在坑底铺一层草，而后将粉碎的菜籽饼按 1∶1 加水拌匀浸透（切不可在坑内拌水），装入坑内，再在上面覆盖一层草和 20 cm 厚的土层，两个月后即可饲用。

硫酸亚铁法是称取粉碎饼重 1% 的硫酸亚铁，溶于占饼重 1/2 的水中，待充分溶解后，将饼拌湿，100 ℃下蒸 30 min，取出风干。

菜籽饼的适宜喂量取决于饼中毒素含量和牦牛的耐受性。我国菜籽饼中含硫葡萄糖苷高达 1% 左右，饲粮中的用量以 10% 以下比较安全。去毒菜籽饼和低毒品种菜籽饼可多喂。

二、大豆饼有害物质的消除和适宜喂量

大豆饼是畜禽最好的蛋白质来源之一，其蛋白质中含有全部必需氨基酸，但胱氨酸和蛋氨酸含量相对较少。大豆饼含抗胰蛋白酶因子与抗凝乳蛋白酶、血球凝集素、皂角素等有害物质，故用生大豆或生大豆饼饲喂畜禽的增重与生产效果差，且有腥味，使采食量减少或发生腹泻等。

将生大豆或生大豆饼粕在 140～150 ℃下加热 25 min，即可消除大部分有害物质，使其蛋白质营养价值提高约 1 倍。用螺旋压榨机榨油时可达到这个温度，而用溶剂法浸提时只能达到 50～60 ℃。传统方法则多用冷榨，故后两种

生产出的大豆饼粕保存有大量的营养抑制物，用作饲料前应进行处理，但必须严格控制烘烤过程，因过热会降低赖氨酸和精氨酸的有效性，降低蛋白质的营养价值。

三、亚麻饼粕的脱毒与适宜喂量

亚麻饼粕蛋白质中蛋氨酸与赖氨酸含量较大豆饼粕与棉籽饼粉低，宜与动物性饲料一起饲喂。未成熟的亚麻籽含少量的亚麻苦苷和亚麻酶。亚麻酶能水解亚麻苦苷释放出氰氢酸。低温取油获得的亚麻饼粕中，亚麻苦苷和亚麻酶可能没有变化，但正常压榨条件可破坏亚麻酶和大部分的亚麻苦苷，制得的亚麻饼粉非常安全。在干燥状态下，含亚麻酶和亚麻苦苷的油饼是安全的饲料。

第六节　块根块茎类饲料的调制与贮存

块根块茎类饲料的水分与可溶性碳水化合物含量高，适口性强，易消化，在牦牛饲养上有重要意义。青藏高原块根块茎饲料主要被用作牦牛冬春的多汁饲料，如采用适当的保藏方法，则可用于全年的饲料平衡。

一、块根块茎类饲料的喂前调制

用作牦牛饲料的块根块茎类作物，有马铃薯、胡萝卜、饲用或糖用甜菜和莞根等，通常都生喂。喂前，应洗净其附着的泥土、切碎，以免牦牛采食时梗塞食道。

二、块根块茎类饲料的贮存

1. 窖藏　在窖藏或地下室贮存过程中，块根块茎类饲料细胞继续进行呼吸作用。其呼吸作用的强弱与营养物质的损失量成正相关。贮藏期间的温度与湿度条件，是决定细胞呼吸作用强弱的主要因素。控制温度与湿度，使细胞的生活机能降到最低限度，可减少贮藏期间营养物质的损失。据报道，在地下室进行贮藏时，特别是在春夏两季，块根块茎类干物质可损失 40%，马铃薯堆藏或在地下室贮藏时，将损失 15%～20% 的干物质。

（1）胡萝卜的窖藏　胡萝卜的收获应在块根已成熟、地面尚未结冻之前进行。西北地区约在 10 月中旬，胡萝卜叶开始发黄，地面尚未结冻时收获。胡萝卜挖出后，应堆在地上，使其充分受阳光照射，以蒸发表面水分。然后，去掉附着的泥土，并在顶端约 0.5 cm 处切去茎叶，以免在贮藏后发芽。要将已经腐烂、虫蚀或带有霉点的胡萝卜剔除。为了降低胡萝卜内部的水分，将选好的胡萝卜放在室内，让其自行发热，内部的一部分水分蒸发到表面（称为发汗）。约经 10 d 后取出，晾至表面无潮湿现象时，再进行正式贮藏。

贮藏胡萝卜的窖有圆形与长方形两种。圆形窖是从地面向下挖一个 2 m 以上深度的浅井，再在井底向周围或两侧挖掘与窖底平行的窖洞。这种形式适于在地下水位较低、土层坚实的地方进行小型贮藏。大量贮藏时，宜挖掘长方形窖，盖以顶棚。窖的一角或对角与中间应留 2～3 个或更多的通风孔（视窖的大小而定），在窖的底部和周围，应设通风沟，用以调节空气与湿度。

应将胡萝卜堆在窖的两侧，中间留一条人行道，便于检查。一般每堆以 1 m² 或 1 m 高、2 m 长为宜。窖内的相对湿度应保持在 85％ 左右，温度应在 2 ℃ 左右。贮藏后，每月应至少翻转 1～2 次，并挑出个别已腐烂的胡萝卜，以免感染。

（2）马铃薯的窖藏 马铃薯等块茎饲料的贮藏方式与过程，基本与胡萝卜相同，应在块茎完全成熟后收获。运送与贮藏过程中，均应注意防止创伤。贮藏前，应先在日光下干燥 1～2 d（暴晒时间不宜太长，否则易产生涩味），然后堆在背阳光处发汗 4～6 d，再贮藏于窖内。要将马铃薯摊开，每层厚度不超过 1 m 为宜。马铃薯贮藏窖一般要求温度保持在 0～10 ℃。

2. 块根块茎类饲料的青贮 块根块茎类青贮过程中的营养物质损失较窖藏时显著降低。青贮马铃薯时，营养物质的损失不超过 2％。块根茎类饲料均含有比较丰富的糖或淀粉，水分含量很高。青贮时，如添加 10％～30％ 切碎或粉碎的秸秆或糠麸，调节原料的含水量到适于青贮的范围，更容易获得成功。青贮前，应先洗净块根类饲料上附着的泥土，适当切碎后，再混合秸秆或糠麸，按青贮青饲料的方法，装填到青贮窖中进行封埋。

3. 块根茎类饲料的干燥 干燥处理是保藏块根茎类饲料营养物质最好的方法。一种方法是使蒸煮过的马铃薯通过发热的滚筒，生产出干马铃薯片；另一种方法是，直接将切成片的马铃薯放入烟道中干燥。自然干燥过程较慢，故营养物质损失比人工干燥大，但仍不失为青藏高原严酷环境条件下可行的加工保藏方法。

第七节 牦牛营养舔砖的加工与应用

牦牛营养舔砖也称块状复合添加剂，是将牦牛所需的营养物质经科学配方和加工工艺加工成块状，供其舔食的一种饲料，其形状不一，有圆柱形、长方形和方形等。舔砖中添加了牦牛日常所需的矿物质元素、维生素等，能够补充牦牛日粮中各种微量元素的不足，维持电解质平衡，防止矿物质营养缺乏症，以补充、平衡、调控矿物质营养为主，调节生理代谢，有效提高饲料转化率，促进生长繁殖，提高生产性能。补饲舔砖能明显改善牦牛健康状况，加快生长速度，提高经济效益。

一、舔砖的分类

舔砖的种类很多，形状和叫法也各不相同，不论舔砖是圆形或方形，中心都有一圆孔，便于悬挂起来让牦牛舔食。一般根据舔砖所含主要成分来命名，例如，以矿物质元素为主的称为复合矿物质舔砖，以尿素为主的称为尿素营养舔砖，以糖蜜为主的称为糖蜜营养舔砖。现有的营养舔砖大多含有尿素、糖蜜、矿物质元素等，因此称为复合营养舔砖。按成分区分，一般分为营养型营养舔砖和微矿型营养舔砖。

二、舔砖的加工工艺

舔砖的制备方法有浇铸法和压制法。由于压制法生产舔砖具有生产效率高、成型时间短、质量稳定等优点而被广泛采用。

1. 浇铸法 浇铸法所需设备和生产工艺较压制法简单。但浇铸法的成型时间长，质地松散，质量不稳定，生产效率不高，计量不准确。

2. 压制法 压制法所需设备和生产工艺较浇铸法复杂，但压制法具有生产效率高、成型时间短、质量稳定、计量准确等优点，因而被广泛采用。压制法生产舔砖在高压条件下进行，各种原料的配比、黏合剂种类、调制方法等直接影响舔砖质量。近年来，国内生产的营养舔砖，大多以精制食盐为载体，加入各种微量元素，经 $150MPa/m^2$ 压制而成，产品密度高，且质地坚硬，能适应各种气候条件，大幅度减少浪费，适于牦牛舔食。

若采用压制法时吸取化学灌注法的成型机理，在物料中加入凝固剂、增加保压时间等措施促进舔砖成型，这样不仅能有效地提高产品的产量和质量，还可相对降低系统压力，从而降低机械制造的精度要求和制造成本。

三、舔砖的配方

1. 常见配方组成 糖蜜 30%～40%，糠麸 25%～40%，尿素 7%～15%，硅酸盐水泥 5%～15%，食盐 1.0%～2.5%，矿物质元素添加剂 1.0%～1.5%，维生素适量。

2. 常见原材料及其作用 糖蜜是蔗糖生产过程中剩余的糖浆，糖蜜主要作用是供给能源和合成蛋白质所需要的碳素；糠麸是舔砖的填充物，起吸附作用，能稀释有效成分，并可补充部分磷、钙等营养物质；尿素提供氮源，可转化成蛋白质；硅酸盐水泥为黏合剂，可将舔砖原料黏合成型，并且有一定硬度，控制牦牛舔食量；食盐可调节适口性和控制舔食量，并能加速黏合剂的硬化过程；矿物质添加剂和维生素可增加营养元素。

3. 舔砖的作用 牦牛饲养管理较粗放，特别是冬、春枯草季节，在舍饲饲喂青干草、农作物秸秆和青贮料等粗饲料的情况下，即使补充少量的精料，蛋白质和矿物质元素等营养物质摄取量也不足，常常导致营养失衡。牦牛复合营养舔砖的使用可预防和治疗部分营养性疾病，提高日增重、繁殖率、饲料转化效率和免疫力。

（1）补充矿物质元素 有钙、磷、碘、硒、镁、锰、铜、铁、锌、钴等10多种，可根据不同生长阶段牦牛的营养需要，把要补充的各种矿物质元素配合好，压成块，根据需要选用即可。

（2）补充粗蛋白 秸秆的粗蛋白质含量通常在 $2.5\% \sim 4.0\%$，远不能满足牦牛生长发育需要。生产实际中给牦牛补充粗蛋白质最廉价的方法就是使用非蛋白氮（NPN）。而在舔砖中加入适当 NPN，可以提高牦牛粗蛋白质的摄入量，既廉价又安全。

（3）补充可溶性糖分 舔砖中配入适当糖蜜，既可提高舔砖适口性，又可作为黏结剂，还可补充可溶性糖分，改善瘤胃发酵过程，使尿素利用效果更好。

（4）补充维生素 牦牛可以在体内合成多数维生素（包括维生素 C），但少数维生素（如维生素 A）则需要补充，特别是在缺少青饲料时。

（5）减少甲烷排放 牦牛打嗝、直肠排气可排出甲烷。舔砖的使用，提高了牦牛的生产力，有利于减少甲烷的排放。

4. 舔砖应用注意事项 牦牛群类别、生理状态、饲养方式、生产目标等情况不同，应选用不同类型的舔砖。使用初期，可在舔砖上撒少量精饲料（如面粉、青稞）或食盐、糠麸等引诱其舔食，一般经过 5 d 左右的训练，牦牛就会习惯舔食舔砖。为保持清洁、防止污染，用绳将舔砖挂在圈舍内适当地方，高度以牦牛能自由舔食为宜。舔砖以食盐为主，舔砖不能代替常规饲料的供给，秸秆＋舔砖≠全价饲料。牦牛舔食舔砖以后应供给充足的饮水。舔砖的包装袋等应及时妥善处理，防止污染场地或被牦牛误食。

四、舔砖应用效果

给牦牛饲喂舔砖，能提高饲草料的利用率，对其健康、增重、产奶、繁殖等方面均有促进作用，还可以防治异食癖、皮肤病、肢蹄病等多种营养疾病。复合尿素舔砖具有多种营养成分，不仅适口性好，并且便于运输、贮存，使用十分方便，在冬春期给放牧牦牛进行补饲，可提高越冬能力，减少死亡，是一种较为理想的复合尿素舔砖。

营养舔砖是放牧牦牛冬春季高效的补充饲料，可补充牧草中粗蛋白质、磷、硫等营养的不足，发挥瘤胃微生物分解纤维素的能力，从而提高牧草利用率，促进健康、增重和繁殖，减少掉膘，防止成年牦牛和犊牛死亡，增强抗病和越冬能力，有效减少经济损失。同时，由于营养舔砖便于运输、贮存和饲喂，在青藏高原广大牧区具有巨大的推广潜力。

第十章　牦牛饲养管理技术

牦牛饲养管理的水平和方法，受牦牛分布地区生态环境条件、生产方式、饲养水平等因素的制约和影响，不同地区甚至同一地区的不同牦牛群间都有差异。目前牦牛的饲养仍以放牧为主，主要依靠天然草地牧草，获取维持生命、生长发育和繁殖等所需的营养。随着科学技术的发展，现代化标准化饲养管理技术逐步在牦牛养殖与生产中推广与应用。

第一节　犊牦牛的饲养管理

犊牦牛的饲养管理是养殖的重要环节，做得好可以促进犊牛的生长发育，有利于提高养殖效益。在实际饲养管理工作中，必须要掌握犊牦牛的生理特点及饲喂要求，明确饲养管理技术要点及注意内容，提高犊牛饲养管理水平，促进犊牛健康生长。

一、加强犊牛护理

犊牦牛从母体娩出以后，由通过脐带从母体获得营养转变为从外界主动获取营养，犊牦牛开始呼吸及适应外界环境变化。牦牛产犊一般集中在 4—6 月，此时青藏高原气候仍较寒冷，新生犊牛生理机能尚未完全发育，体温调节能力差，消化功能弱，需要针对犊牛的消化生理特点细心护理，注意观察。如母牦牛母性不强或体虚不能照顾犊牛时，养殖人员要及时清理犊牦牛口腔、鼻腔和身体表面的黏液。在剪断脐带进行消毒处理后，称取犊牦牛体重，记录父母信息及犊牛性别、毛色等信息。随后将其放入专门的圈舍，保证圈舍内的温度适宜，确保能为犊牦牛提供舒适环境，使其尽快适应健康成长。

二、尽早吮食初乳

应保证犊牦牛能够及时吃到初乳。初乳中富含易于犊牛消化的蛋白质、脂肪、维生素等营养成分，而且含有大量的免疫球蛋白和溶菌酶，能杀灭和抑制病菌，通过被动免疫来获取免疫球蛋白从而增强身体免疫力是提高犊牛免疫力的最好措施。犊牛出生后 4～6 h 对初乳中的免疫球蛋白吸收最强，所以要尽量让犊牛尽早食入初乳。同时需对其身体状态和采食情况进行及时监测，做好温度调节工作，为犊牛提供干燥、卫生的环境。对于一些体质相对较弱的犊牛吮食的初乳量比较少、力度比较小，则需要饲养人员有足够的耐心保证犊牛初乳的摄入量。对于不能自行吮食的犊牦牛，则需人工辅助犊牛吮食初乳，如仍然无法吮食，则需要借助奶瓶等对其进行饲喂，但需提前对相关器具进行消毒并控制好力度，保证操作合理，确保整个流程的规范化。

三、适时断奶分群

犊牦牛一般在 2 周龄时可采食鲜嫩牧草，可在犊牛舍放置优质青干草使其随意采食，及早训练采食粗饲料可促进犊牦牛瘤胃发育。犊牦牛 3 月龄时能大量采食牧草，4～6 月龄时可断奶并进行分群饲养。

采用早期补饲的方法可提前犊牦牛采食牧草和断奶时间。使用犊牦牛开口料、营养料、断奶料等系列犊牦牛代乳饲料，可达到保证犊牦牛正常生长发育、提前断奶和提高经济效益的目的。断奶应循序渐进，给予适当的过渡期，每天喂奶 1 次，逐渐减少喂奶量。犊牦牛断奶后要适时分群饲养，一是有助于母牛体况恢复迎接下一次发情配种，二是有助于犊牦牛及早采食牧草，为后续生长发育奠定良好基础。

第二节 青年牦牛的饲养管理

放牧饲养管理是青年牦牛生长发育的首选饲养方式，放牧既能合理利用草场，节约饲料开支，降低饲养成本，而且可以使牛获得充分运动，增强体质，减少基础设施开支。

一、分群放牧管理

6 月龄以后的牦牛必须按性别分群放牧。按性别分群是为了避免乱配和小母牛过早配种。乱配容易发生近亲交配和无种用价值的犊牛交配，使后代退化。母牦牛过早交配使其身体的正常生长发育受到损害，成年时达不到应有的体重。牛群组成数量可因地制宜，水草丰盛的草原分群轮牧区可 100～200 头一群，其他草场条件可适当减小牛群数量。群体大可节省劳动力，提高生产效率，增加经济效益；群体小则管理细致，在产草量低的情况下，仍能维持适合于牦牛特点的牧食行走速度，使青年牦牛生长发育较一致。为了减少牧草浪费和提高草地（山坡）载畜量，可分区轮牧，每年均有一部分草场秋季休牧，让优良牧草有开花结实、扩大繁殖的机会。还要及时播种牧草，更新草场。

放牧牦牛在暖季青草能吃饱时，体况恢复较快，通常不必回圈补饲。青草返青后开始放牧时，嫩草含水分过多，能量及镁缺乏，以及进入冷季以后牧草枯萎、营养缺乏等情况下，必须每天在圈内补饲青干草、精饲料和营养舔砖，补饲时机最好在回圈休息后再进行。推迟补饲时间不会降低牦牛白天放牧采食量，也免除回圈立即补饲，使牛群养成回圈路上奔跑所带来的损失。牦牛饮水水质要符合卫生标准，每天饮水 2～3 次。饮足水，才能吃够草。饮水地点距放牧点最远不超过 5 km。

二、舍饲饲养管理

没有放牧场地或不放牧的季节采用舍饲方式饲养。牦牛舍饲可根据不同年龄阶段分群饲养。舍饲过程中，应多用干草、青贮和根茎类饲料，干草饲喂量（按干物质计算）为体重的 1.2%～2.5%，青贮和根茎类可代替干草量的 50%。不同的粗料要求搭配的精料质量也不同，用豆科干草做粗料时，精料需含 8%～10% 的粗蛋白质；用禾本科干草做粗料，精料蛋白质含量应为 10%～12%；用青贮做粗料，则精料应含 12%～14% 粗蛋白质；以秸秆为粗料，要求精料蛋白质水平更高，达 16%～20%。

分群舍饲育成牦牛应公母分群饲养，同时应以育成母牦牛年龄分阶段饲养管理，并及时转群。一般分 3 次转群，同时称重并结合体尺测量。育成种用公牦牛应适当运动、合理利用、定期驱虫、进行免疫注射等。舍饲牦牛可固定围栏与食槽，采用小围栏的管理方式，也可采用大群散放饲养，前者每栏 10～20 头牛，平均每头牛占 7～10 m²。圈养拴系式管理的牛群，采用定槽方式管理，使每头牛有自己的牛床和食槽。育成牦牛可定时饲喂，也可自由采食。一般粗饲料多采取全天自由采食，精料定时补饲，自由饮水。另外，要贮备充足冬春季所需饲草料。

第三节　繁殖母牦牛的饲养管理

为提高繁殖母牦牛的生产效率，必须实施分段饲养、重点培育的措施确保母牦牛繁殖性能的发挥，进而提高母牦牛的繁殖力。

一、能繁母牦牛的饲养管理

能繁母牦牛是繁殖牦牛核心群体。做好能繁母牦牛的饲养管理，一是做好发情鉴定。母牦牛的发情持续时间短，约 18 h，25% 的母牦牛发情表现不超过 8 h，一般从下午到次日清晨前发情频率高，放牧人员每天至少要在早、中、晚进行 3 次观察。发情母牦牛神经兴奋，经常哞叫；生殖道黏膜充血潮红，有黏液分泌物排出；愿意接受公牛爬跨；卵巢上卵泡发育膨大，表面光滑紧张。二是适时配种。母牦牛发情后要适时配种，一般在发情开始后 9～24 h 配种，过早或过晚都会影响受胎率。在生产中，要准确预测发情开始或发情停止较为困难。但发情高潮比较容易观察到，在发情高潮出现后的 6～8 h 内输精，能获得较高的情期受胎率。上午发情，下午输精一次，第二天上午再输一次；下午发情第二天早晨输精，下午再输一次。输精采用直肠把握子宫颈法。人工授精技术人员要熟练输精操作流程，注意卫生防疫，防止错配、漏配，以及感染生殖道疾病等现象的发生。对发情持续期过长或过短的牛，要根据具体情况特殊对待。

二、妊娠牦牛的饲养管理

（一）妊娠期的管理

妊娠期母牦牛的营养与胎儿生长直接相关。妊娠前 6 个月胚胎发育缓慢，日粮以粗饲料为主，适当搭配少量精料，使母牦牛保持中上等膘情即可，不必额外增加营养。妊娠期最后 3 个月是胎儿增重的主要阶段，此阶段增重占初生重的 70%～80%。母牦牛的营养除维持自身需要外，还要满足胎儿生长发育的需求。该阶段应以青绿饲料为主，适当搭配精饲料，重点满足蛋白质、矿物质和维生素的营养需要，确保母体及胎儿的各种营养需要。

（二）围产期的饲养管理

分娩前的饲养管理：母牦牛临产前 15 d 要准备好产房，牛舍要干燥清洁、温暖敞亮、安静，并且要彻底消毒，增铺垫草。饲喂优质青绿饲料或青干草，补饲少许精料。母牦牛分娩时，要准备好接产器械及消毒用品，一般让母牦牛自然分娩，发生难产时，要及时处理，做好接产和助产工作。

分娩后的饲养管理：犊牦牛产出后，分娩母牦牛体内水分、盐分、糖分大量消耗，要立即饲喂温热的麦麸钙盐益母汤（麸皮 1 000 g、红糖 500 g、食盐 50 g、益母草粉 300 g），以利于母牦牛恢复体力和胎衣排出。胎衣不下的母牦牛需要隔离观察，一般产后 2～8 h 可脱落，最多 12 h；超过 12 h，需要进行人工剥离。胎衣掉落后先检查是否完整，如完整则立即清除，防止母牦牛自食引起胃肠疾病和形成恶癖；如不完整再进行剥离或药物治疗。产后 7～10 d，母牦牛尚处于身体恢复阶段，身体虚弱，自身消化机能差。在此期间，应让其采食优质的青绿饲料或青干草，限制精饲料喂量，以免引起母牦牛食欲下降、产后瘫痪，加重乳房炎和产乳热等疾病的发生。10 d 以后检查乳房正常并无其他产科疾病后，即可转入原牛群进行饲养。

（三）产犊间隔期的管理

理想的产犊间隔控制在 365 d 以内，这一阶段是母牦牛产后自身体况及生殖器官恢复的一个过程，一要做好产后监护工作，防止母牦牛生殖、泌乳系统发生感染；二要做好发情鉴定和妊娠检查，及时发现空怀母牦牛；三要合理搭配饲草料营养水平，哺乳期要提高营养水平，适当补饲精料，提高饲草料中蛋白能量饲料的含量，同时注意矿物质和维生素的补给，并给予充足饮水。干奶期饲草料供给以粗饲料为主，适当搭配精料，干奶后期，注意维生素和微量元素的补充。

第四节　种公牦牛的饲养管理

种公牦牛饲养管理不仅直接影响当年配种，也影响后代的质量。种公牦牛优异性状的遗传和有效利用，只有其营养需要得到满足后才能充分显现出来。

一、配种季节的放牧管理

牦牛配种季节一般在 6—10 月，在配种季节，自然放牧牛群中的公牦牛活动频率高，整日寻找和跟随发情母牦牛，体力消耗较大，采食时间减少，因而无法获取足够的营养物质来补充消耗的能量。因此，在配种季节应执行一日一次或几日一次补饲精饲料，以豆科饲草料加曲拉（干酪）、食盐、尿素、脱脂乳等蛋白质丰富的混合饲料为宜。总之，应尽量采取补饲和放牧措施，减少种公牦牛在配种季节的体重下降量及下降速度，使其保持较好的繁殖力和精液品质。在自然交配情况下，公母牦牛比例为 1：（10～25），最佳比例为1：（12～13）。

二、非配种季节的放牧管理

为了使种用公牦牛具有良好的繁殖力，在非配种季节使其和母牦牛分群放牧，与育肥牛群、阉牦牛组群，在远离母牦牛群的牧场进行放牧。有条件的牧场可少量补饲，使其在配种季节到来时达到种用体况。

第十一章 牦牛繁殖管理技术

繁殖是牦牛群体数量增长和质量提高的基础，加强繁殖管理对加速牦牛品种改良和增加良种牦牛繁育群体数量起着重要作用。加强牦牛繁殖管理，在对育种场和良种繁殖场的规范化管理基础上，重要的是提高种公牛的配种机能、提高母牦牛的受配率和降低犊牛的死亡率。

第一节 牦牛的繁殖力

繁殖力（fertility）是动物在正常生殖机能条件下，生育繁衍后代的能力。对种牦牛来说，繁殖力就意味着生产力，它直接影响着生产水平的高低和发展。公牦牛的繁殖力主要表现在精液的数量、质量，与母牦牛的交配能力和受胎能力。母牦牛的繁殖力主要体现在性成熟的迟早、发情正常与否、排卵多少，卵子的受精能力、妊娠能力和哺育犊牦牛的能力等。母牦牛繁殖力集中表现在一生、一年或一个繁殖季节中繁殖后代数量的能力。

一、影响繁殖力的因素

（一）遗传因素

遗传因素对繁殖力起着决定性的影响，不同品种之间的繁殖力差异十分明显。母牦牛排卵数目的多少，首先决定于其遗传因素。公牦牛精液的品质和受精能力是影响母牦牛妊娠的决定因素，与遗传因素也有着密切的关系。因此，必须重视种用公牦牛的数量、质量和配种能力，否则也会使牦牛的繁殖受到影响。

（二）环境因素

环境条件可以改变牦牛的繁殖过程，影响其繁殖力。牦牛在海拔高、气温低、昼夜温差大、牧草生长期较短、氧分压低等严酷生态环境条件下生存，经过长期强烈的自然选择和轻度的人工选择形成有别于其他牛种的体型结构、外貌特征、生理机能和生产性能，能够在极其粗放的饲养条件下生存并繁衍后代。

（三）营养因素

营养条件是牦牛繁殖力发挥的物质基础，是影响牦牛繁殖力的主要因素。

营养不足会延迟青年母牦牛初情期的到来，对于成年母牦牛会造成发情抑制、发情不规律、排卵率降低、乳腺发育迟缓，甚至会增加早期胚胎死亡和初生牛犊的死亡。营养过剩时，则有碍于母牦牛的排卵和受精，公牦牛的性欲和交配能力。

（四）泌乳影响

过度挤奶也是影响牦牛繁殖的重要原因。母牦牛产犊后，发情的出现与否和出现的早晚与新生牦牛犊的哺乳、挤奶次数和产乳量有直接的关系。犊牛的断奶时间会影响母牦牛的泌乳量，进而影响其发情的出现。

（五）年龄影响

母牦牛一般自初配适龄起，随分娩次数和年龄的增加，其繁殖力不断提高，以健壮期达到最高，随后逐渐下降。

（六）配种时间

在母牦牛的发情期内，有一个配种效果最佳的时间段，适宜的配种时间对卵子的正常受精极为重要。

（七）饲养管理

牦牛繁殖力受人为因素影响很大。合理的放牧、饲养管理、基础设施建设、卫生设施与配种制度，均能对牦牛繁殖力产生直接的影响。

二、牦牛繁殖力的评定指标

母牦牛繁殖力主要反映在受配率、受胎率、繁殖成活率三个方面，亦反映在产犊数及繁殖年限上。母牦牛的繁殖力以繁殖率表示。母牦牛达到适配年龄一直到丧失繁殖力称为适繁母牛或能繁母牛。在一定的时间范围内，如繁殖季节或自然年度内，母牦牛发情、配种、妊娠、分娩，最后经哺育的犊牛断奶并具有独立生活的能力，即完成了母牦牛繁殖的全过程。公牦牛的主要任务是充分供给有受精能力的精子，同时要保证旺盛的性机能和较高的交配能力。具有较高繁殖力的公牦牛的主要特征为膘情适中、四肢健壮、性欲旺盛、睾丸大、精液量大、精子成活率高、畸形精子比例低等。

（一）评定发情与配种质量的指标

1. 发情率（estrus rate） 指一定时期发情母牦牛数占可繁母牦牛数的百分比。发情率主要用于评定某种繁殖技术或管理措施对诱导发情的效果，以及牛群自然发情的机能。如果牛群乏情率（不发情母牦牛数占可繁母牦牛数的百分比）高，则发情率低。

$$发情率=\frac{发情母牦牛数（头）}{可繁母牦牛数（头）}\times100\%$$

2. 受配率（mating rate） 指一定时期参与配种的母牦牛数占可繁母牦牛数的百分比，可反映牛群生殖能力和管理水平。如果牛群乏情率高（即发情率低），或发情后未及时配种，则受配率低。

$$受配率=\frac{参与配种的母牦牛数（头）}{可繁母牦牛数（头）}\times100\%$$

3. 受胎率（conception rate） 即总受胎率，指配种后受胎的母牦牛数占参与配种的母牦牛数的百分比，主要反映配种质量和母牦牛的繁殖机能。

$$受胎率=\frac{妊娠母牦牛数（头）}{配种母牦牛数（头）}\times100\%$$

由于每次配种时总有一些母牦牛不受胎，需要经过2个以上发情周期（即情期）的配种才能受胎，所以受胎率可分为第一情期受胎率、第二情期受胎率、第三情期受胎率和总受胎率。

$$第一情期受胎率=\frac{第一情期妊娠母牦牛数（头）}{第一情期配种母牦牛数（头）}\times100\%$$

$$第二情期受胎率=\frac{第二情期妊娠母牦牛数（头）}{第二情期配种母牦牛数（头）}\times100\%$$

$$第三情期受胎率=\frac{第三情期妊娠母牦牛数（头）}{第三情期配种母牦牛数（头）}\times100\%$$

4. 不返情率（non‐return rate） 即配种后一定时期不再发情的母牦牛数占配种母牦牛数的百分比，该指标反映牛群的受胎情况，与牛群生殖机能和配种水平有关。与受胎率相比，不返情率一般以观察配种母牦牛在配种后一定时期的发情表现作为判断受胎的依据，而受胎率则以直肠检查或分娩和流产作为判断妊娠的依据。

$$不返情率=\frac{不再发情的母牦牛数（头）}{配种母牦牛数（头）}\times100\%$$

5. 配种指数（conception index） 指母牦牛每次受胎平均所需的配种情期数，或参加配种母牦牛每次妊娠所需的平均天数。可根据受胎率进行换算。若受胎所需的配种次数超过2次，说明母牦牛繁殖性能或者配种工作存在问题。

$$配种指数=\frac{配种总情期数}{妊娠母牦牛}$$

6. 产犊间隔（calving interval） 又称为产犊指数（calving index），指牛群内母牦牛两次产犊所间隔的平均天数。由于妊娠期时长是一定的，因此提高母牦牛产后发情率和配种受胎率，是缩短产犊间隔的重要措施。

（二）评定群体繁殖力的指标

1. 产犊率（calving rate） 指所产犊牛数占配种母牦牛数的百分比。与受胎率的主要区别表现在产犊率以出生的犊牛数为计算依据，而受胎率以配种后受胎的母牦牛数为计算依据。如果妊娠期胚胎死亡率为 0，则产犊率与受胎率相同。

$$产犊率=\frac{出生犊牛数（头）}{配种母牦牛数（头）}\times100\%$$

2. 繁殖率（reproductive rate） 指一定时期内出生犊牛数占能繁母牦牛数的百分比，主要反映牛群繁殖效率，与发情、配种、受胎、妊娠、分娩等生殖活动的机能和管理水平有关。

$$繁殖率=\frac{出生犊牛数（头）}{能繁母牦牛数（头）}\times100\%$$

3. 犊牛成活率（survival rate） 一般指断奶时成活犊牛数占出生时活犊牛总数的百分比，主要反映母牦牛的泌乳力、护犊性和饲养管理水平。

$$成活率=\frac{成活犊牛数（头）}{出生活犊牛数（头）}\times100\%$$

4. 繁殖成活率（reproductive survival rate） 指一定时期内成活犊牛数占能繁母牦牛数的百分比，是繁殖率与犊牛成活率的积。

$$繁殖成活率=\frac{成活犊牛数（头）}{能繁母牦牛数（头）}\times100\%$$

第二节　提高牦牛繁殖力的措施

提高繁殖力是发展牦牛种群数量、扩大牦牛群体规模的重要环节，也是保护和扩繁濒危牦牛品种资源的关键措施。提高牦牛繁殖力，就要综合分析影响牦牛繁殖力的因素，在牦牛选育与生产过程中，采取必要的措施，持续提高牦牛繁殖效率。

一、选育中重视牦牛繁殖性能

选种就是选择优秀的个体进行繁殖，以增加后代群体中优秀基因的纯合频率。牦牛群体遗传繁殖力的高低，取决于高产基因型在群体中的比例。繁殖力应作为育种的重要指标。有计划、有目的、有措施地选择繁殖力高的优良公、母牦牛进行繁殖，既可提高牦牛的繁殖性能，又可通过不断选种，累积高产基因。对本品种选育核心群或人工授精用的公牦牛，要严格要求，进行后裔测定或观察其后代的繁殖力表现。对选育核心群的母牦牛，要拟定选育繁殖指标，突出重要繁殖性状，不断留优去劣，及时淘汰有繁殖缺陷的种牛，从而使其繁殖性能上具有较好的一致性。

二、加强牦牛饲养管理

饲养管理水平直接影响牦牛的繁殖效率。在牦牛放牧与日常管理中，要确保营养全面，保证牦牛维持生长和繁殖的营养供给。严格防止饲草料中含有毒有害物质引起中毒，严格避免使用有毒有害饲草料。棉籽饼中含有的棉酚和菜籽饼中含有的硫代葡萄糖苷毒素，不仅影响公牦牛精液品质，还可影响母牦牛受胎、胚胎发育和胎儿的成活。豆科牧草中存在的雌激素，既可影响公牦牛的性欲和精液品质，又可干扰母牦牛的发情周期，甚至引起流产。同时，需加强牦牛饲养环境控制，除棚圈选址和牛舍建筑应充分考虑环境因素外，在冬季更要注意防寒保暖。

三、提高种用牦牛的配种机能

将公牦牛和母牦牛分群饲养，采用正确的调教方法和手段，增强种公牛的性欲，提高种公牛的交配能力。在生产中对种公牛的选择和饲养，都要制订严格的管理制度，提高精液品质。种用公牦牛的优良精液是保证受精和早期胚胎发育的重要条件。同时，提高母牦牛的受配率，一方面维持母牦牛正常的初情期，另一方面缩短母牦牛产后第一次发情间隔。准确掌握母牦牛发情的客观规律，适时配种，可以提高情期受胎率，降低胚胎死亡率。

四、控制牦牛繁殖疾病

(一)控制公牦牛繁殖疾病

控制公牦牛繁殖疾病的主要目的，是通过预防和治疗公牦牛因繁殖疾病导致的繁殖障碍，提高种公牛的交配能力和精液品质，最终提高母牦牛的配种受胎率和繁殖率。

(二)控制母牦牛繁殖疾病

母牦牛繁殖疾病主要有卵巢疾病、生殖道疾病和产科疾病三大类。卵巢疾病主要通过影响发情排卵而影响受配率和受胎率，某些疾病甚至可以引起胚胎死亡或并发产科疾病。生殖道疾病主要影响胚胎的发育与成活，其中一些还可引起卵巢疾病。产科疾病轻则诱发生殖道疾病和卵巢疾病，重者引起母牦牛和犊牛死亡。

五、推广应用繁殖技术

随着牦牛产业的不断发展，传统的繁殖方法将不能满足新时代的要求，必须对家畜的繁殖理论和繁殖方法不断地进行深入探讨与创新，用人工的方法改变或调整其自然方式，达到对整个繁殖过程进行全面有效控制的目的。目前，国内、外从母牛的性成熟、发情、配种、妊娠、分娩，直到幼畜的断奶和培育等各个繁殖环节陆续出现了一系列控制技术。如人工授精-配种控制、同期发情-发情控制、胚胎移植-妊娠控制、诱发分娩-分娩控制、精子分离-性别控制、精液冷冻-受精控制，这些技术的深入研究和改进将大大提高牦牛的繁殖效率。

第十二章 牦牛生产管理技术

牦牛产业是高原畜牧业的重要组成部分，搞好牦牛生产管理工作，不仅有利于提高牦牛养殖效益，而且对优化草原生态环境、促进高原地区畜牧业可持续发展具有积极作用。在保证牦牛营养均衡供给、强化饲养管理的基础上，需加强牦牛群体结构优化，做好日常管理，保障正常生产，使牦牛养殖生产和产业运营模式高效运行。在牦牛选育、高效繁殖、饲养管理、疫病防控等生产的整个过程中，强化日常管理，提高综合管理水平，是提高牦牛养殖效益的重要环节。

第一节 畜群综合管理

提高畜群综合管理水平的关键是优化畜群结构，合理的畜群结构是牛群生产水平高低的体现，并与畜群经济效益密切相关。

一、畜群结构优化

牦牛的种类不同，其生活条件、牧食习性各有差异。为了减少经营上的困难，只有在分别成群之后，才能合理管理。即使同种牦牛，由于年龄、性别、强弱的不同，在采食及管理中，也有其不同的特点。为了使牦牛营养均匀，每头牦牛都能吃好，保持牦牛群安静，同种牦牛也应分群管理。

牦牛群组织的原则，应该根据放牧地具体条件，把不同种类、不同品种，以及在年龄、性别、健康状况、生产性能（经济价值）等方面有一定差异的牦牛分别成群。一般可以按照大小、强弱、公母进行分群。

牦牛合理的畜群结构为：母牦牛占 85%，其中 1 岁母牦牛 10%、2 岁母牦牛 10%、3 岁母牦牛 10%、成年繁殖母牦牛 55%；公牦牛 15%，其中成年公牦牛 5%、青年公牦牛 10%。年龄金字塔式结构能满足生产所需的递补需要，周转合理。

二、牦牛的组群

为了放牧管理和合理利用草场，提高牦牛生产性能，对牦牛应根据性别、年龄、生理状况进行分群，避免混群放牧，使牛群相对安静，采食及营养状况相对均匀，减少放牧的困难。牦牛群的组织和划分及群体的大小，各地区应根据地形、草场面积、管理水平、牦牛数量的多少确定，以提高牦牛生产的经济效益为目的，因地制宜地合理组群和放牧。

（一）哺乳牛群

哺乳牛群是指由正在哺乳的牦牛组成的母牦牛群。每群 100 头左右。对哺乳牦牛群，应分配给最好的牧场，有条件的地区还可以适当补饲，使其多产乳，及早发情配种。

（二）干乳牛群

干乳牛群是指由未带犊牛而干乳的母牦牛，以及已经达到初次配种年龄的母牦牛组成的牛群，每群 150～200 头。

（三）犊牛群

犊牛群是指由断奶至周岁以内的犊牦牛组成的牛群。幼龄牦牛性情比较活泼，合群性差，与成年牛混群放牧相互干扰大。因此，犊牛一般单独组群，且群体较小，以 50 头左右为宜。

（四）青年牛群

青年牛群是指由周岁以上至初次配种年龄前的牦牛组成的牛群。每群 150～200 头。这个年龄阶段的牛已具备繁殖能力。因此，除去势小公牛外，公、母牦牛最好分别组群，隔离放牧，防止早配。

（五）育肥牛群

育肥牛群是指由将在当年淘汰的各类牦牛组成，育肥后供肉用的牛群。每群 150～200 头，在牦牛数量少时，种公牦牛也可并入此群。对于这部分牦牛，可在较边远的牧场放牧，使其安静，少走动，快上膘。如果条件允许还可以集中补饲，加快育肥进程。

三、牦牛养殖场的经营与管理

牦牛养殖场的经营管理是牛场生产的重要组成部分，是运用科学的管理方法、先进的技术手段统一指挥生产，合理地优化资源配置，大幅度提升牛场的管理水平，节约劳动力，降低成本，增加效益。使其发挥最大潜能，生产出更多的产品，以达到预期的经济效益和社会效益。

（一）编制生产经营计划

1. 编制原则　计划不是对已经形成的事实和状况的描述，而是在行动之前对行动的任务、目标、方法、措施所做出的预见性确认。计划以政策法规和任务需求为指导，以本单位的实际条件为基础，以过去的成绩和问题为依据，是对今后的发展趋势进行科学预测之后做出的。

2. 计划的基本类型 按照不同的分类标准，计划可分为多种类型。按其所指向的工作、活动的领域来分，可分为工作计划、生产计划、销售计划、采购计划、分配计划、财务计划等。按适用范围的大小来分，可分为单位计划、班组计划等。按适用时间的长短来分，可分为长期计划、中期计划、短期计划，具体还可以分为十年计划、五年计划、年度计划、季度计划、月度计划等。

（二）牦牛养殖企业计划体系的内容

牦牛养殖企业计划体系的内容包括数量增殖指标、生产质量指标、产品指标、产品销售指标和综合性指标。

1. 牦牛群配种产犊计划 牦牛群配种产犊计划是牦牛养殖单位的核心计划，是制订牦牛群周转计划、饲料供给计划、生态资源利用计划、资金周转计划、产品销售计划、生产计划和卫生防疫计划的基础和依据。配种产犊计划主要表明计划期内不同时间段内参加配种的母牦牛头数和产犊头数，力求做到计划品种和生产。产犊配种计划是最常用的年度计划。编制年度配种产犊计划需要掌握的资料是牛场本年度母牦牛的分娩和配种记录、牛场育成母牦牛出生日期记录、计划年度内预计淘汰的成年母牦牛和育成母牦牛的数量和预计淘汰时间、牛场配种产犊类型、饲养管理条件、牛群的繁殖性能，以及健康状况等。

2. 牛群周转计划 编制牛群周转计划是编好其他各项计划的基础，它是以生产任务、远景规划和配种分娩初步计划作为主要根据而编制的。由于牛群在一年内有繁殖、购入、转组、淘汰、出售、死亡等情况，头数经常发生变化。编制计划的任务是使头数的增减变化与年终结存头数保持着牛群合理的组成结构，以便有计划地进行生产。

3. 饲料计划编制 为了使牦牛养殖生产在可靠的基础上发展，每个牦牛养殖场都要制订饲料计划。编制饲料计划时，先要有牛群周转计划（标定时期、各类牛的饲养头数）、各类牛群饲料定额等资料，按照牦牛的生产计划定出每个月饲养牦牛的头数×每头牦牛日消耗的草料数，再增加 5%～10% 的损耗量，求得每个月的草料需求量，各月累加获得年总需求量，即为全年该种饲料的总需要量。各种饲料的年需要量得出后，根据本场饲料自给程度和来源，按各月份条件决定本场饲草料生产（种植）计划及外购计划。

第二节　牦牛养殖场的管理制度与记录

建立健全牦牛养殖场的管理制度与记录，是提高养殖场生产效益、降低和规避风险、规范生产与管理的关键，是牦牛生产日常管理的重点。

一、生产计划的制订

（一）制订繁育计划需要考虑的问题

繁殖计划的制订是一项缜密的工作，在进行繁殖前，需要考虑繁育场的任务、气候条件、畜舍、相关设备、劳力等因素。依据妊娠期和断奶日龄，确定全场一年或一个生产周期内的配种-妊娠-分娩-哺乳等的时间安排，以及各时期的批次和头数。根据选种选配计划的要求，逐步落实繁殖母牦牛的配种计划等一系列问题。

1. 繁殖母牦牛在母牦牛群中的适宜比例　母牦牛的繁殖类型按产犊间隔分为 3 类，即一年一胎、两年一胎和三年一胎。牛的繁殖率受自然条件和饲养管理水平的影响较大，因此各地报道繁殖率的差异也较大，且双胎率仅为 1% 左右。牦牛属于性晚熟品种，公牦牛 1 岁有性反射，平均配种年龄为 30～38 月龄。牦牛 3 岁以上开始产犊，一般在 4～6 岁初产牦牛较多，5 岁母牦牛初产率最高为 50.67%，其次是 6 岁和 4 岁，分别占初产母牦牛的 24% 和 14.67%。也有少部分在 3 岁、7 岁和 8 岁初产。4～6 岁初产牦牛基本占到初产牦牛的 85% 以上。牦牛群中配种母牦牛和产犊母牦牛比例必须相对稳定。如果当年产犊多而次年产犊量低，则造成牛群每年生产的不均衡。因此，一个繁殖正常的牦牛群，繁殖母牦牛在群中所占的比例不宜低于 55%。

2. 初配及初产年龄　母牦牛群的改良与提高与其选择强度密切相关，一个高产牦牛群每年更新率应为 20%～25%。因此，母牦牛群每年必须有相应数量的初孕母牦牛转入基础群，投入生产。确定适宜的初配及初产年龄是提高其繁殖率的重要环节，也是保证牛群更新的先决条件。母牦牛一般 36 月龄初配，4～8 岁繁殖力最强，利用年限为 4～8 年。

3. 产后发情及配种时间　掌握母牦牛发情的客观规律和准确的发情鉴定，是决定配种时间的关键因素。由于母牦牛繁殖类型的特殊性，其具有普通牛种的一般表现，但不如普通牛种明显，相互爬跨频率、阴道黏液流出量、兴奋性程度等均不如普通牛种母牛。产后配种时间根据母牦牛和犊牛的体况，可适当提前或延迟，但不应过早或过迟，对长期不发情的母牦牛或发情不正常者，应及时检查，并应从营养和管理方面寻找原因。

4. 配种次数　正常母牦牛群体内，即第一次配种即可受孕的母牦牛应占 62% 或以上；配种 3 次或 3 次以下即可妊娠的母牦牛应占牛群总头数的 94%；群体平均受胎配种次数应小于 1.65 次。若第 1 次配种即妊娠的母牦牛头数下降为 50% 或更低，配种 3 次以下即受孕的母牦牛下降到 85% 或以下，群体受胎配种次数上升到 2 次以上，则应分析查找原因，采取综合管理技术措施提高受胎率。

5. 产犊间隔　是指连续两次产犊之间的时间相隔。产犊间隔是衡量母牦牛群繁殖水平的最重要指标。缩短产犊间隔可加快牛群周转，提高经济效益。

（二）牦牛生产计划

1. 配种与分娩　牦牛群配种与分娩计划是实现畜群生产的重要措施，也是制订畜群周转计划的重要依据。编制交配计划要根据牦牛的自然生产规律和生产需要出发，考虑分娩时间和各方面条件来确定配种时间和头数，为完成生产计划提供保证。牦牛配种分为两种类型，即陆续式的自然交配和季节式的交配。

陆续式交配使分娩时间较均匀地分布在牦牛繁殖季节的各个时期，所以它可以充分利用种公牦牛、畜舍、设备、劳动力等资源，均衡地取得畜产品。季节性交配要求集中，在整个牦牛繁殖季节进行，能够充分利用天然草场和青饲料，对幼年牦牛发育成长有利，也便于饲养管理。组织交配分娩采用哪种类型为宜，应根据畜牧业的经营方针、生产任务、饲养方式（舍饲或放牧）、气候条件、牛场设备、劳动力情况、种公牦牛数量、主要饲料来源等具体条件来决定。

编制交配分娩计划之前，主要需掌握以下指标。计划年初的畜群结构，各时期交配的牦牛头数；交配分娩的类型和时间，各时期分娩牦牛的头数；母牦牛年分娩次数、每胎产犊数和犊牦牛的成活率，计划年内预计淘汰母牦牛的头数和淘汰时间；青年母牦牛的成熟期和适宜开始繁殖的年龄，各时期生产的犊牦牛头数，母牦牛产犊后适宜再交配的时间，空怀母牦牛头数和不孕原因等。

制订计划的方法是根据牦牛自然再生产周期和生产需要，安排和推算每头牦牛的分娩日期和交配日期。将每头牦牛的分娩日期和交配日期汇总，即得出各时期的分娩、交配数和产犊牛头数。长期计划中的产犊牛头数一般按以下公式计算：

年产犊牛头数＝母牦牛头数×配种率×受胎率×产犊率×成活率×
母牦牛年平均分娩次数×每胎平均产犊数

缺少历年统计资料时，可以采用以下简单公式计算：

年产犊牛头数＝可繁殖母牦牛数×分娩次数×每胎平均产犊数×每胎成活率

2. 牦牛群周转　计划期内由于牦牛的出生、生长、出售、购入、淘汰、屠宰等原因，会使牦牛群的结构经常发生变化。根据牦牛群体结构的现状、养殖场的自然经济条件和计划任务，来确定计划期内牦牛群内各组牦牛的增减数量，以及计划期末的牦牛群结构，进而制订畜群周转计划。通过畜群周转计划的编制和执行，可以掌握计划期内牦牛群的变化情况，从而研究制订有效措施，完成生产任务。同时，还可以核算饲料、草料、劳动力和其他生产资料的需要量，研究合理利用牧场内部自然经济条件，进一步扩大牦牛群的再生产，并可以计算出商品畜及畜产品的收入。

畜群周转计划可以按年、按季或按月编制。牦牛繁殖成熟慢，可以按年编制周转计划；编制的周转计划，必须反映牦牛群中各组的增减时间和头数，计划期初、期末的畜群结构等主要指标。各组牦牛计划初期头数加上计划内增加头数，减去减少的头数后，与计划期末头数基本一致，以保证畜群周转计划的平衡。编制畜群周转计划，应有以下材料：开始畜群结构状况，交配分娩计划，淘汰牛只的种类、头数和时间，计划期的生产任务及计划期内购入牦牛的种类、头数和日期。根据这些材料编制畜群周转计划，要求既能保证生产任务的完成，又能保证基本群的不断扩大，并使计划期末的畜群结构有利于今后的发展。

3. 牦牛产品 是指能为人们提供的牦牛肉、奶、皮、毛、油、骨、角、蹄、内脏等。牦牛产品数量的多少取决于牦牛的头数和每头牦牛的产量。因此，编制牦牛产品计划，应根据牦牛的数量、产品率及平均活重来编制。为了增加牦牛的产品产量，必须采取各种有效措施增加牦牛头数，并提高产品率。如选用优良品种，加强饲养管理，注意预防疫病，及时淘汰繁殖能力低的母牦牛，提高犊牛的成活率等。

4. 饲草料 为了有计划地组织饲草料的生产和供应，必须编制饲草料计划。饲草料计划按两个时期编制，第 1 期为从年初至收获期，第 2 期为从本年收获期至下年年初。第 1 期牦牛所耗饲草料是上年所生产，第 2 期消耗的饲草料是当年所生产。分两期计划需要和供应是为了保证饲草料的生产量和采购量符合牦牛生产的需要，饲草料计划是按牦牛的平均头数和每天牦牛饲草料消耗定额来编制的，由于全年各个时期牦牛头数经常变动。因此，不能仅以年初为依据计算饲草料的需要量，而应以计划内的平均头数为依据。在计算全年饲草料总需要量时，还应按实际需要量增加一定的百分比（如 10％～15％）作为储备，以备不时之需。

二、生产记录

完善并准确地记录，对了解牦牛群体的繁殖情况有着重要的作用。没有准确的配种和预产期记录，就不能采取有效的繁殖措施。没有每头母牦牛生产性能记录，就无法进行合理的选留和淘汰。记录是决定工作日程及制订长远计划的依据，也是对管理工作的评估。记录必须及时、准确和完善。要合理地组织记录工作，以便大部分常规工作都能按预定计划进行。

生产记录要根据牦牛不同的生产目的，记录不同的生产相关信息。以产肉为目的的牦牛侧重其胴体重和产肉率，每头牦牛需逐月记录其体重和体尺变化。通过生产记录综合分析，可以计算出每月产量、饲料报酬、总盈利等，还可以依此编排出牦牛群体生产水平的分等排列，这些数据可供选择优秀个体、淘汰劣质个体时参考使用。各式生产记录表可根据生产需要，拟定记录项目和编制相应表格。

完成的生产记录包括产犊记录、牛群周转、日饲料消耗及温湿度等环境条件记录。科学的饲养管理操作规程应包括牦牛的日常饲养管理要点、繁殖期母牦牛的饲养管理、犊牛的饲养管理、育成母牦牛的饲养管理、选种选配规程及人工授精技术规程等。

（一）出生记录

犊牦牛一出生就开始记录相关数据，内容包括编号、性别、初生重、出生日期、父本号、母本号等。在系谱卡上还有明晰的毛色标记图和简单的体尺，如体高、体长、胸围、管围等，各月龄体重，父本的综合评定等级，母本的胎次等信息。在卡片的背面记录产犊和产奶的总结性信息。

（二）饲料供应管理

饲料管理的好坏不仅影响到饲养成本，而且对牦牛的健康和生产性能产生影响。合理饲料供应，是建立在合理的计划基础之上。按照牛群饲养量和所需的各种饲料编制储备量；考虑牦牛产区自然灾害和应急需求，可适当提高储备量 15%～20%。同时，根据不同生长发育时期、不同生理时期和不同生产目的和要求，配制不同日粮，既保证牦牛生产营养需要，也不造成饲料资源浪费。对牛群供应的饲料是否合理，要经常对牛群进行分析，包括牦牛的生长发育情况、增重效果和繁殖情况等，评价饲料利用率。

（三）繁殖记录

记录每头母牦牛的繁殖相关项目，可以通过记录追踪母牦牛繁殖周期及变化情况。首先应做好母牦牛的编号和登记造册，在此基础上做好配种繁殖的原始记录，定期进行统计整理。对母牦牛的记录内容包括：预计发情日期、计划配种日期、配种一个月以上检查妊娠的日期、妊娠检查结果、产犊日期等。为了提高繁殖率，记录要逐日进行，保持经常性记录。下面以母牦牛为例说明繁殖记录表格的制作和填写母牦牛配种记录，主要涉及母牦牛发情时间、配种时间、与配公牦牛号，以及妊娠诊断等情况。其格式见表 12 - 1 和表 12 - 2。

表 12 - 1　母牦牛发情状况登记

序　号	母牦牛耳号	发情日期	发情情况	重复发情日期	间隔时间	重复发情情况
1						
2						
3						
…						

表 12 - 2　母牦牛配种记录登记

序号	母牦牛编号	发情时间	母牦牛健康状况	配种情况			与配公牦牛编号	公牦牛健康状况	妊娠诊断		配种员签字
				时间（日期）	精子活力	输精量（mL）			时间	结果	
1											
2											
3											
…											

（四）疫病防治记录

制订消毒防疫制度并张贴，包括消毒防疫制度、兽医室工作制度、废弃物分类收集处理制度等。根据本地区传染病发生的种类、季节、流行规律，结合牛群的生产、饲养、管理和流动情况，制订免疫接种计划，并按需要制订相应的免疫程序，做到实时预防接种。要有完整的兽药使用记录，包括适用对象、使用时间和用量记录。同时，牦牛常见病预防治疗规程有预防方案和治疗措施。

第三节　牦牛养殖设施化

牦牛养殖设施化程度的高低是牦牛现代化养殖水平的直接体现。牦牛养殖设施化不仅节约劳动力，更重要的是提高养殖效益。随着现代科技进步及养殖水平的提高，牦牛产业发展最大的特点是养殖设施化的普及与推广应用，加速了牦牛产业的跃升。

一、牦牛舍的类型及建筑特点

牦牛舍饲养殖主要有牦牛越冬补饲暖棚、单列式和双列式等几种形式。

（一）牦牛越冬补饲暖棚

受高原独特环境条件影响，在漫长的冷季，牦牛减重严重，有时甚至死亡，造成严重的经济损失。建造牦牛冷季越冬补饲暖棚，能有效改善牦牛度过寒冷季节的生长环境，是发展高原畜牧业的重要途径。由于牦牛越冬暖棚是一种被动式接受太阳能的牛舍，其构造简单，建筑成本低，设计施工灵活多变，在广大牦牛产区有着比较广泛的应用。

牦牛越冬补饲暖棚为单层、双坡或单坡屋面、矩形平面；钢骨架结构，工字钢立柱与南北墙高度约为 2.4 m；外墙采用砖混墙体，水泥砂浆勾皮带缝，内外砂浆抹面；屋脊高 1.2 m，南屋面略大于北屋面；不透光屋面采用彩钢板，约 1/3 面积的南屋面采用透光的聚碳酸酯（PC）板；南墙设门，供牦牛和牧民出入。南墙下接近地面处设置通风口，北墙高位处设通风窗。暖棚内设若干固定于地上或中间立柱上的补饲料槽，用于归牧后补饲精料或青干草。暖棚数量和面积视养殖规模而定，一般为并排单列或多列式排列，单间暖棚面积为 3.5×15 m² 或根据实际情况进行调整。牦牛暖棚外要设置运动场，对白天进行放牧，夜间进行补饲的牦牛，其暖棚外运动场可适当缩小，对采用完全舍饲的牦牛，其运动场要适当加大。

（二）集约化牦牛舍

牦牛集约化牛舍在国内尚处于实验探索阶段，目前大多参考肉牛、奶牛舍进行修建，但都在牛舍外设置了比较大的运动场。

1. 环境设计要求 牦牛舍适宜温度范围为 5～21 ℃，最适温度范围 10～15 ℃；产犊舍舍温不低于 8 ℃，其他牛舍不低于 0 ℃；夏季舍温不超过 30 ℃。牛舍地面附近与天花板附近的温差不超过 3 ℃。墙壁附近温度与牛舍中央的温度差不能超过 3 ℃。

由于牦牛舍一般湿度较大，但湿度过大危害牦牛生产，轻者达不到肉用质量要求，重者引发牛群体质下降、疾病增多。所以，舍内的适宜相对湿度是 50%～70%，最好不要超过 80%。牛舍应保持干燥，地面不能太潮湿。

集约化牦牛舍应保持适当的气流，冬季以 0.1～0.2 m/s 为宜，最高不超过 0.25 m/s。夏季则应尽量使气流不低于 0.25 m/s。另外，应能在冬季及时排除舍内过多的水蒸气和有害气体，保证牦牛舍氨含量不超过 26 g/m³、硫化氢含量不超过 6.6 g/m³。

牦牛舍采光系数即窗户受光面积与牛舍地面积相比，商品牛舍为 1∶16 以上，入射角不小于 25°，透光角不小于 5°，应保证冬季牛床上有 6 h 的阳光照射。

2. 结构设计要求

（1）牦牛舍地面以建材不同而分为黏土地面、三合土（石灰∶碎石∶黏土为 1∶2∶4）地面、石地面、砖地面、木质地、水泥地面等。为了防滑，水泥地面应做成粗糙耐磨或划槽线，线槽坡向粪沟。

（2）墙体是牛舍的主要围护结构，将牛舍与外界隔离，起承载屋顶和隔断、防护、隔热、保暖作用。墙上有门、窗，以保证通风、采光和人、牦牛出入。根据墙体的情况，可分为开放舍、半开放舍和封闭舍三种类型。封闭式牦牛舍，上有屋顶，四面有墙，并设有门、窗。半开放式牦牛舍三面有墙，一般南面无墙或只有半截墙。开放式牦牛舍四面无墙。

（3）牛舍的门有内外之分，外门的大小应充分考虑牦牛自由出入、运料清粪和发生意外情况能迅速疏散牦牛的需要。每栋牛舍的两端墙上至少应该设 2 个向外的大门，其正对中央通道，以便于送料、清粪。大跨度牦牛舍也可以正对粪尿道设门，门的多少、大小、朝向都应根据牦牛舍的实际情况而定。较长或带运动场的牛舍允许在纵墙上设门，但要尽量设在背风向阳的一侧。所有牛舍大门均应向两侧开，不应设台阶和门槛，以便牦牛自由出入。门的高度一般为 2～2.4 m，宽度为 1.5～2 m。

（4）牦牛舍的窗设在牛舍中间的墙上，起到通风、采光、冬季保暖的作用。在寒冷地区，北窗应少设，窗户的面积也不宜过大，以窗户面积占总墙面积 1/3～1/2 为宜。

（5）屋顶是牦牛舍上部的外围护结构，具有防止雨雪和风沙侵袭，以及隔绝强烈太阳辐射热的作用。其主要功能在于冬季防止热量大量地从屋顶排出舍外，夏季阻止强烈的太阳辐射热传入舍内，同时也有利于通风换气。常用的顶棚材料有混凝土板、木板等。牦牛舍高度（地面至天花板的高度）在寒冷地区可适当降低。屋顶斜面成 45°，畜舍标准高度通常为 2.4～2.8 m。

（6）牛床是牦牛采食和休息的场所。牦牛床应具有保温、不吸水、坚固耐用、易于清洁消毒等特点。牛床的长度取决于牦牛体格大小和拴系方式，一般为 1.45～1.80 m（自饲槽后沿至排粪沟）。牛床不宜过短或过长，过短时牦牛起卧受限，容易引起腰肢受损；牛床过长则粪便容易污染牛床和牛体。牛床的宽度取决于牦牛的体型。一般牦牛的体宽为 75 cm 左右，牛床的宽度设计为 75 cm 左右。同时，牛床应有适当的坡度，并高出清粪通道 5 cm，以利冲洗和保持干燥，坡度常采用 1.0%～1.5%，要注意坡度不宜太大，以免造成繁殖母牦牛的子宫后垂或产后脱出。此外，牛床应采用水泥地面，并在后半部划线防滑。牛床上可铺设垫草或木屑，一方面保持干燥、减少蹄病，另一方面又有益于卫生。繁殖母牦牛的牛床可采用橡胶垫。

拴系方式有硬式和软式两种。硬式多采用钢管制成，软式多用铁链。其中铁链拴牛又有直链式和横链式之分。直链式尺寸为：长链长 130～150 cm，下端固定于饲槽前壁，上端拴在一根横栏上；短链长 50 cm，两端用两个铁环穿在长链上，并能沿长链上下滑动。这种拴系方式，牛上下左右可自由活动，采食、休息均较为方便。横链式尺寸为：长链长 70~90 cm，两端用两个铁环连接于侧柱，可上下活动；短链长 50 cm，两端为扣状结构，用于拴系牛的脖颈。这种拴系方式，牛亦可自由活动，采食、休息。

（7）舍饲牦牛场在每栋牛舍的南面应设有运动场。运动场不宜太小，否则牛密度过大，易引起运动场泥泞、卫生差，导致腐蹄病增多。运动场场地以三合土或沙质土为宜，地面平坦，并有 1.5%~2.5% 的坡度，排水畅通，场地靠近牛舍一侧应较高，其余三面设排水沟。运动场周围应设围栏，围栏要求坚固，常以钢管建造，有条件的也可采用电围栏。运动场内应设有饲槽、饮水池和凉棚。凉棚既可防雨，也可防晒。凉棚设在运动场南侧，棚盖材料的隔热性能要好。此外，运动场的周围应种树绿化。

二、牦牛养殖场配套设施

（一）运动场

采用拴系式饲养的育肥牦牛场一般不设置运动场。但种公牛、繁殖母牦牛、散养犊牛、育肥牦牛需设置运动场，运动场大小要适当，种公牛 30 m² 以上，繁殖母牛 20~25 m²，犊牛 5~10 m²，育成牛 12~18 m²。运动场内设置补饲槽、饮水槽，地面以三合土或沙土为宜。

（二）围栏与凉棚

围栏要结实耐用，牦牛舍内一般用钢管，运动场可用钢管、钢丝、水泥柱等。围栏高度、间隙和钢管直径要根据牛的大小和类型确定。围栏包括横栏和栏柱，横栏柱高 1.2~1.5 m，横栏间隙为成年大型牛 30~35 cm，中小型牛 25~30 cm，犊牛 20~25 cm。运动场还应设凉棚，凉棚 3~3.6 m 高，每头牛需要遮阳处 5.5 m² 以上。

（三）消毒设施

生产区入口处设置消毒池，消毒池应坚固、平整，耐酸碱，不渗漏，大小一般是长 3.5 m、宽 3.0 m、深 0.1 m。消毒液为 0.5% 过氧乙酸，也可用火碱（2%~4% 氢氧化钠）或生石灰，使用 10~15 d 更换 1 次，下雨后必须立即更换或进行补充。

消毒室应设更衣间，有专用的通道通向牛舍。消毒室内装置紫外线灯、臭氧发生器等消毒设备，消毒需照射 5 min 以上。手部用新洁尔灭（0.1%）或过氧乙酸（0.3%）清洗消毒，脚部采用药液浸润。脚踏垫放入池内进行消毒，室内消毒池大小为长 2.8 m、宽 1.4 m、深 5 cm。

（四）饲料加工与贮存设施

饲料加工设施大小和类型根据牦牛场养殖规模、所需加工饲料的种类及生产需要确定。饲料贮存车间重在防水、防火、防雨、防潮、防漏水，运输方便，能满足生产需要即可。青贮方式及设施大小根据牦牛养殖场养殖规模、贮藏饲料数量确定，底部和四周用砖或石头砌成，用水泥抹平，保证不透气、不透水，底部应留有排水孔。

牦牛产业提质增效篇

第十三章　牦牛育肥技术

牦牛育肥的主要目的是增加牛肉产量，改善牛肉品质，进而提高经济效益。从生产者的角度而言，育肥是为了使牦牛生长发育的遗传潜力完全发挥出来，使出售时的供屠宰牦牛尽量达到较高的等级，或屠宰后能得到数量更多的优质牛肉，而相应投入的生产成本又比较低，使投入产出最佳化，获取最大利益。

第一节　牦牛的选购与运输

选购的牦牛必须健康、无传染病，并根据不同的生产目的选购不同生长发育阶段的牦牛。牦牛运输主要是减缓牦牛的应激，防止运输过程中对牦牛造成伤害及死亡。运输前应办好所需手续，带全相关证明资料。

一、准备工作

调查产地疫情、常发病种类，牦牛品种、数量、价格、饲养管理情况，以及牦牛的交易市场、交易时间，交通和运输条件等。与产地畜牧、兽医检疫、工商、税收等部门联系，了解有关规定及收费等要求。收购费用的种类、额度，有无优惠政策。签订相关的收购合同、运输合同、保险合同等。准备牦牛的称量工具、保定架、待养栏，检查待养期的草地与饲料情况，疫病预防治疗及应急处理等。

二、产地检疫工作

运输牦牛必须持有产地检疫证明，其发放单位为县级农牧部门畜禽防疫检疫机构。临床检查和实验室检查的内容，包括牦牛口蹄疫、结核病、副结核病、布鲁氏菌病、牛肺疫的检测和免疫接种情况。健康检查，包括食欲、体温、牦牛的静态和动态的表现。

三、繁殖母牛的选择

繁殖母牦牛一般选择优良的牦牛，根据年龄可划分为带犊母牦牛、育成母牦牛、青年母牦牛和成年母牦牛；根据生理情况可划分为空怀母牦牛、妊娠母牦牛。品种特征明显，生长发育正常，体况中等或中等偏上，被毛好、有光泽，皮肤不厚、有弹性，肢蹄结实、肢势端正。乳房发育良好，泌乳能力强。性情温驯。如果无年龄记录，主要依据牙齿鉴定，一般不选老龄母牦牛作为繁殖母牦牛。成年母牦牛要检查有无生殖系统疾病，妊娠牦牛要进行妊娠诊断。

四、架子牛的选择

要求品种特征明显，生长发育正常，骨架大、肥度一般的牦牛，育肥效果好；四肢及体躯较长、十字部略高于体高、后肢飞节高的牛发育能力强。皮肤松弛柔软、被毛柔软密实的牛，肉质好。生产优质高档牛肉的架子牛年龄一般不超过 24 月龄，老龄牛的育肥效果较差、肉质也差。

五、牦牛膘情的评定

一类膘为上等膘。全身丰满，被毛光泽、密长。肋骨、脊椎骨都不显见，腰角、臀端呈圆形。触摸大腿部，肌肉厚实或有弹性。屠宰后的胴体，表面布满脂肪，并有一定的厚度，肾脏外部全由脂肪包埋。

二类膘为中等膘。全身较丰满，被毛整齐，光泽较差。肋、腰椎横突不显见，但腰角及臀端末圆，触摸大腿部，肌肉欠厚实。屠宰后的胴体，表面未布满脂肪，仅尾根至腰和鬐甲部有一层相连的薄脂肪，内脏脂肪少。

三类膘为下等膘。被毛粗而无光泽，骨骼外露明显或肋、脊椎骨明显可见，但尻部不塌陷。屠宰后的胴体，表面很少有脂肪。

四类膘为瘦弱牛。骨瘦如柴，被毛粗乱，全身骨骼、关节明显可见，尻部塌陷。营养状况很差，严重时行动迟缓或四肢站不稳。

六、牦牛的运输

（1）汽车运输　运输前检查车况，要求车况良好；检查车厢，要求车厢内无异物、无尖锐物品，车厢结实；车厢内隔离牦牛的材料要结实，固定和隔离好各头牦牛；车厢内铺设垫草或锯末等，防止牦牛滑倒或摔伤。装车时要有装牛台，便于驱赶牦牛；赶牛时切忌粗暴、鞭打；保证牦牛有适当的空间。汽车启动要慢，保持中速行驶，不踩急刹、不急拐弯，保证行车安全。夏季防暑，可在夜间行车；冬季防寒；遇大雨、大雪天气，停运。

（2）火车运输　根据运输时间，准备好运输途中的饲草、饲料及饮水。车厢内无尖锐物品；车厢地板完好；车厢无异味，尤其没有装运过有毒、有害物质。准备一些绳子、铁丝、铁钉、铁锤等常用物品，以备途中之用。一般用木棒将车厢分为三段，两侧为牦牛的休息处，中间堆放饲草、饲料、饮水及为押运人员提供休息的地方。装车时与汽车运输一样，要减少牦牛的应激，每头牛要有适当的空间。押运途中要精心看护好牦牛，保证饮水、提供适量的饲料、保持清洁卫生等。打开车厢的小窗，以利通风。

运输牦牛装车前停止或少喂精料。注意由于运输应激而引发的疾病，尤其是牛传染性支原体肺炎，继发关节炎、皮肤病。到隔离场 2 h 后饮水，水中加适量食盐和电解多维，掺些麸皮更好。第一次饮水控制在 15 L，防止暴饮。当天只喂干草，不要饲喂苜蓿草和青贮苜蓿。观察牛群的采食、排泄及精神状况，小病治疗，大病急宰。第 3 天左右开始喂精料，由少到多。一星期后驱虫健胃。

第二节　育肥牦牛的选择技术

牦牛育肥前要拟出肥育计划，对牧场、棚圈、饲料等做出合理的安排，提出肥育期的计划增重及采取的放牧、补饲或饲养管理、防疫等措施。根据肥育计划及饲草料储备情况，合理选择育肥牦牛品种及生长发育阶段。

一、品种

不同品种的牦牛其育肥效果存在差异。肉用型，如甘南牦牛、青海高原牦牛；肉乳兼用型，如麦洼牦牛；肉毛兼用型，如天祝白牦牛，不同选育方向的牦牛品种，其育肥效果存在差异。纯种牦牛，如本品种选育的牦牛；改良牦牛，如杂交选育的牦牛；杂种牦牛，如杂交 F_1、F_2 代牦牛，不同经济类型的牦牛，育肥效果也存在差异。同一饲养水平下，相同年龄、不同品种日增重不同。

二、性别

在相同的饲养管理条件下，由于公牦牛体内睾丸激素的作用，其增重最快，阉牛次之，母牦牛最慢。选择次序是公牦牛、阉牛、母牦牛。从经济角度考虑，选择增重快、价格高、市场需求量大的牦牛进行育肥。从选育角度考虑，选择淘汰的、健康无病的牛进行育肥；基础母牦牛、种公牦牛主要用于选育与生产，应慎选。

三、体况

健康、无病、体质结构良好，体格大而皮肤较薄，体型清晰，宽而不丰满，看上去较瘦的牦牛，增重潜力大、育肥效果好。识别病牦牛主要从鼻镜、口腔、舌、眼、耳、角根、行走、毛色、粪便等方面进行观察。健康的牦牛，鼻镜分布有均匀的汗珠；口腔黏膜呈淡红色，体温正常且无臭味；舌头光滑红润、伸缩有力；双眼有神、视觉灵敏；双耳灵活、时时摇动，手感温暖；角尖凉而角根温暖；精神振奋，步伐紧稳、行走有力、摇头摆尾；毛色光亮油润、富有弹性；排泄规律，大便软而不稀，硬而不坚，小便清澈。

四、年龄与体重

育肥牦牛的经济效益与年龄和体重密切相关，肉质随年龄的增长而下降。年龄 3~4 岁、体重 100~200 kg 的牦牛育肥效果最佳。牦牛体重的增长，从出生至 3.5 岁随季节呈波浪式快速生长，3.5 岁后体重增长缓慢，生长速度也随年龄增加而变慢。体尺的增长速度，无论公、母牦牛均呈现前期快、后期慢的规律，主要体尺指标在 3.5 岁后增长缓慢。从相对生长的角度看，出生后，随年龄的增加，其体尺的相对生长率逐渐下降。

五、饲养方式

牦牛饲养方式主要有全年放牧、放牧加补饲、夏季强度放牧加补饲、半放牧半舍饲、全舍饲等。补饲料搭配草料应多样化，冷季（11月至翌年5月初）以混合青干草为主，精料为辅，采用放牧＋暖棚＋补饲饲养。暖季（5月中下旬至 10 月中旬）采用放牧＋补饲育肥，效果最佳。出栏前 3~6 个月实施强度（舍饲）增肥。采用牦牛舍饲育肥技术，有效缩短饲养周期，通过隔离驱虫及预饲养及适应期，补饲循序渐进到适应，散栏和拴系时间为 4~5 个月。采用差异化育肥技术，在同一饲养水平下，相同年龄不同品种或不同年龄可以错峰出栏，提高养殖效益。

（一）全放牧育肥

全放牧育肥养殖的时间通常在每年 7—10 月，该时间段夏秋草场生长旺盛，气候凉爽，能保证牦牛快速生长发育，积累更多营养物质。全放牧育肥养殖模式通常采用 24 h 全天候放牧养殖，整个育肥周期控制为 90~120 d。育肥牛通常以 8~10 岁的经产母牛或者 3~5 岁的公牦牛为主。整个育肥养殖期间，除保证有充足的牧草采食外，还应每天向牛群提供两次饮水，每间隔 10~15 d 更换 1 次草场，提高育肥质量的同时，降低对草场造成的破坏。

（二）半放牧育肥

半放牧育肥养殖模式是将放牧养殖和舍饲养殖有效结合，最佳的养殖时间通常在 9—12 月。该时间段可以选择秋季、冬季或者过渡牧场为育肥草场，要确保放牧地区的水源供给充足，牧草丰茂。该阶段的育肥养殖主要选择体况相对较差的阉割公牛、空怀期的母牦牛或者 8～10 岁的经产母牦牛。整个育肥周期控制为 80～100 d，放牧时间主要控制在早霜消融后或者太阳落山前。要确保每天让牦牛饮水 2 次，并注重放牧后蛋白质的补充，确保补充饲料当中的碳水化合物供给充足，满足机体生长发育所需，保证有充足的营养物质积累。

（三）全舍饲育肥

该种育肥养殖模式一年四季均可进行，育肥期控制在 90～120 d，将牛群在圈舍中集中育肥养殖。这种育肥养殖模式通常选择 18 月龄以上的青年牛和健康的老龄母牦牛为主。在育肥养殖中应确定合理的养殖密度，保证圈舍清洁卫生，通风良好。为提高整体的育肥效果，将整个育肥期划分为育肥前期、育肥中期和育肥后期 3 个阶段，每个阶段控制为 20 d、60 d、20～40 d，这样能达到相应的育肥指标。在整个育肥养殖期间应结合不同阶段的营养需求，对日粮做出科学的调整，适当调控好日粮中钙、磷等微量元素和各种维生素的含量，保证日粮中营养物质供给充足，满足牦牛生长发育所需，保证在短时间内达到育肥效果。

六、季节

牦牛育肥养殖一年四季均可进行。在养殖中一定要结合不同时期、不同季节，对整个养殖环境和气候条件进行有效的规划和调整，要确保牦牛在整个养殖中有充足的营养物质供给。为提高资源利用效率，在养殖中应做好草场的科学划分，保证在育肥养殖期间有充足的草料供给，同时还能保护草原生态环境，为草原提供休养生息的机会。结合不同地区的海拔高度和气候条件，主要将草场划分为三季草场或四季草场。冬春季节，饲草料严重短缺，牦牛膘情差、价格低，暖棚育肥效果明显。夏秋季节，放牧牦牛饲草料相对丰富，体况好，育肥增长空间相对小。

（一）三季草场

三季草场主要分为冷季草场、过渡草场和暖季草场 3 种。冷季草场主要位于海拔 2 500～3 500 m 的位置，该位置的草场受阳光照射面积较大，气候较为温暖，地势相对较为平坦。在牦牛育肥养殖中能为育肥牦牛提供 6～7 个月的牧草，冷季草场的利用时间通常可规划在当年 10—11 月至翌年 4—5 月。过渡草场的海拔通常为 3 000～4 000 m，该海拔气候相对较为寒冷，通常将这个地区的草场作为冷季草场和暖季草场转场中多次利用的草场。该地区的草场利用时间通常为 2 个月左右，在每年 5—6 月和 9—10 月。暖季草场的海拔通常为

3 500～4 800 m，海拔较高，降雨量较多。但由于温度较低，牧草的生长发育较为迟缓，生长发育周期较短。可供育肥养殖的时间通常为 3 个月，利用时间通常在每年 7—9 月。

（二）四季草场

四季草场主要划分为春夏秋冬 4 个草场。春季草场的海拔通常为 3 000～3 800 m，该地区的地理条件相对较为优越，草场积雪融化时间最早，牧草萌发时间最早。该区域的草场利用时间通常为每年 5—6 月。夏季草场的海拔通常为 3 500～3 800 m，由于地势较高，海拔较高，水源充足，可较好地促进牦牛育肥生长，但是由于距离相对较远，规划时间通常在每年 7—10 月。秋季草场的海拔通常为 3 000～4 000 m。该区域的牧草充足，能为牦牛育肥抓膘提供有利条件，并且饮水较为方便，利用时间通常在每年 10—11 月。冬季草场通常是指海拔为 2 200～3 500 m 的区域，该地区主要位于丘陵或者河谷缓坡地带，利用时间通常在当年 10 月至翌年 5 月。在牦牛育肥养殖中，通过对草场进行科学的划分，能为不同育肥模式下牦牛育肥养殖提供充足的饲草资源，保证草场得到科学合理的利用，加快草原生态系统的恢复，确保草场具有较高的生产能力。

第十四章　牦牛补饲技术

补饲是提高牦牛生产性能的有效措施之一，可以减轻草地压力。冷季补饲有利于牦牛的生长发育，补饲精料可以显著提高牦牛的总增重和日增重，有利于冷季保膘。同时，在枯草期对牦牛进行补饲，减少体重损失，缩短体重补偿期，提高养殖效益。

第一节　牧区牦牛放牧补饲技术

在生态环境与资源保护的前提下，牧区逐步走生态持续改善、产业高质量发展、人与自然和谐共生的现代生态草地牧业发展之路。牦牛养殖开始注重修建暖棚、储草棚，注重在冷季补充饲喂，减少生产损失。同时，异地育肥、牧繁农育等生产模式被广泛推广应用。

一、牦牛阶段性补饲管理技术

(一)分阶段补饲技术

1. 公牦牛

（1）配种季节放牧管理　配种季节应尽量采取一些补饲及放牧措施，减少种公牦牛在配种季节体重的下降量及下降速度，使其保持较好的繁殖力和精液品质。每日或间隔 3～5 d 补充饲喂 1 次谷物、豆科粉料、碎料加曲拉（干酪）、食盐、骨粉、尿素、脱脂乳等蛋白质丰富的混合饲料。开始补饲时，公牦牛可能会出现拒绝采食的现象，此时应留栏补饲或将料撒在石板上或在青草多的草地上引诱其采食。

（2）非配种季节放牧管理　非配种季节公牦牛应和母牦牛分群放牧，与育肥牛群、阉牦牛组群，在远离母牦牛群的放牧场上放牧，有条件的仍应少量补饲，在配种季节到来时达到种用体况。

2. 母牦牛

（1）参配母牦牛　参配牛群集中放牧，及早抓膘，促进发情配种和提高受胎率，也便于管理。参配牦牛应选择有经验、认真负责的放牧员放牧。准确观察和牵拉发情母牦牛，对放牧管理员和配种技术员实行承包责任制，做到责任明确，分工合作。

（2）妊娠母牦牛　妊娠母牦牛的饲养管理十分重要，营养需要从妊娠初期到妊娠后期随胎儿的生长发育呈逐渐增加趋势。在妊娠5个月后应加强营养的补充，防止营养不全或缺失造成死胎或胎儿发育不正常。放牧时要注意避免妊娠母牛剧烈运动、拥挤及其他易造成流产的情况发生。

3. 犊牛　犊牛在2周龄后即可以采食牧草，3月龄后可大量采食牧草，随着月龄增长和哺乳量减少，母乳越来越不能满足其需要，促使犊牛加强采食牧草。除分配好的牧场外，应保证犊牛所需的休息时间，减少挤乳量，以满足犊牛迅速生长发育对营养物质的需要。

（1）哺乳　充分利用幼龄牛生长优势，从出生到6个月的生长过程中，犊牛如果在全哺乳或母牦牛每天挤乳1次并随母放牧的条件下，日增重可达450～500 g，断奶时体重可达90～130 kg，这是牦牛终生生长最快的阶段。利用幼龄牦牛进行放牧育肥十分经济，所以在牦牛哺乳期，为了缓解人与犊牛争乳矛盾，一般每天挤乳1次为好，坚决杜绝每天挤乳2～3次。尽量减少因挤乳母牦牛拴系停留时间延长，采食时间缩短，母牦牛哺乳加挤乳而得不到充足的营养补给，体况较差，导致产犊率和繁殖成活率都明显下降。

（2）吮食初乳　犊牛吮食足初乳，可将其胎粪排尽，如吮食初乳不足，有可能会引起出生后10 d左右患肠道便秘、梗塞、发炎等肠胃病和生长发育不良的后果。尤其重要的是，初乳中含有大量免疫球蛋白、乳铁蛋白、微量元素和溶菌酶等物质，对防止一些犊牛感染，如大肠杆菌、肺炎双球菌、布鲁氏菌和病毒等，起到很大作用。

（3）适时补饲　当犊牛学会采食牧草以后，可补饲饲料粉、骨粉配制的简易混合料，也可采用简单的补喂食盐的方法增加食欲，按照每天补1次或者每3～5 d补1次，以便提高牧草的转化率。

（4）及时断奶　犊牛哺乳至6月龄（即进入冬季）后，一般应断奶并分群饲养。对出生晚、哺乳不足6月龄而母牦牛当年未孕者，可适当延长哺乳期后再断奶。

（5）保温措施　为最大程度减少严寒季节对哺乳犊牛增重的负面影响，应采用一些措施，比如给犊牛穿上保温外套，在棚圈内加深和加厚优质洁净干燥的长褥草，应该尽量选择稻草或者麦秸，使犊牛"筑巢取暖"，同时注意每日及时更换潮湿脏污褥草，并及时补足。

（二）放牧加补饲育肥技术

犊牛断奶后，采用放牧＋较低饲养水平补饲，饲养至18～24月龄后，再实行强度育肥3～6个月，充分利用牦牛的补偿生长，达到理想体重和膘情的育肥过程。夏季持续育肥采用舔砖，自由舔食，但每天的舔食量不超过 80～100 g。强度育肥补充精料需要实施过渡期，第 1 次的饲喂量为牦牛活重的 0.5%；第 5 天之后为活重的 1%～1.2%；第 14 天后，过渡期后便可进入育肥阶段的饲养，为体重的 1.5%～2%。冬春季先饲喂优质干草，第 1 次饲喂限量，每头牛 4～5 kg，2～3 d 起开始饲喂混合精料。

放牧加补饲的育肥模式，效益较好，且出栏自由，经营灵活。最大的特点是，既错开了牦牛集中出栏上市的高峰期，缓解了供求矛盾，又充分利用冬季牛肉价格开始上涨的时机，达到增收的目的。

二、牦牛保膘育肥补饲技术

由于牧区海拔高，牧草生长季节不平衡和秋季集中出栏长期困扰牦牛养殖稳定发展。因此，在冬季草场条件较好的牦牛养殖地区实施避开出栏高峰期保膘育肥出栏，借此延长牦牛畜产品供给时间，对提高牦牛养殖效益具有现实意义。

(一) 保膘育肥时间

保膘育肥在 10 月中旬开始实施，根据市场牦牛产品价格，选择在 12 月中旬或 1 月中旬出栏。

(二) 补饲方法

实行放牧＋补饲保膘育肥（有条件的牧户，牦牛晚上在暖棚中圈养效果更好），白天放牧，晚上归牧后补饲，每天 1 次，确保每头牛都能得到补饲料。

(三) 饲量和饲喂方法

青干草或青稞秸秆＋玉米粉＋牛育肥浓缩料补饲，每天每头牛补饲玉米粉＋牛育肥浓缩料 1.5 kg，其中，玉米粉占 70%，肉牛育肥浓缩料占 30%。饲喂时在饲槽中加入玉米粉、肉牛育肥浓缩料，青干草或青稞秸秆（粉碎或切成 3～5 cm 的小段）拌成麦麸草饲喂。肉牛颗粒育肥补料（颗粒饲料），每天每头牛补饲 1.5 kg，直接投放到饲槽中饲喂。

三、产前、产后瘦弱母牦牛补饲技术

冬季补饲应从 1 月份开始至青草萌发之时，需要 4～5 个月时间。主要针对幼小犊牛、瘦弱和妊娠早的母牦牛。根据牦牛性别、年龄及生理阶段，制订相应的补饲料配方，科学使用不同成分饲料。除母牦牛产前、产后固定专用围栏草场单独放牧管理外，实施补饲技术，日补饲量采取先少后多，逐渐达到规定标准，每天为每头母牦牛提供草 2～3 kg，提供配合饲料 0.2～0.3 kg，增强瘦弱母牦牛的体质，缩短产犊间隔；对部分犊牛每头每天补饲配合饲料 0.1～

0.2 kg，提高犊牛的繁活率，降低死亡率，增加出栏率，大幅度提高育肥犊牛的胴体重。

四、牦牛安全越冬度春饲养技术

（一）饲草料贮备

利用划区轮牧的办法留出冷季牧场。晒制青干草，贮备玉米、青稞、燕麦等精饲料。根据饲草料的贮备情况，制订相应的补饲计划，对牦牛进行合理补饲。

（二）适时淘汰

每年10月份，应根据牛群情况，结合牛肉的当前市场价格，制订淘汰计划。对符合出栏要求的牦牛要坚决出售，对那些生产性能低的老、弱、病、残牦牛应该及时淘汰，保持最小数量的牛群，以便减轻冬春季草场的压力。

（三）预防接种与驱虫工作

入冬前，要结合秋季防疫工作及当地疫病流行情况，有计划地给健康牦牛群进行预防接种。定期驱虫以预防或减少寄生虫病的发生，增强牛群体质。驱虫可选用的药物应是伊维菌素、丙硫苯咪唑等广谱、高效、低毒的驱虫药物。

（四）棚圈建设

牛舍应选在地势干燥、排水良好、背风向阳的地方。建筑材料尽量就地取材，总体要求是坚固耐用、保暖和通风良好。牛舍的面积可根据饲养规模而定，一般每头牛 3 m²，有棚舍外围活动场，活动场内设置草料槽。

（五）利用冬春牧场

初入冷季牧场时，应选择偏远牧场，以及枯黄牧草还未被风刮走的牧场放牧，尽量节约定居点附近的冬春牧场。冬春季节风雪频繁，应注意天气变化，就近放牧，若遇暴风雪应及时收牧返回棚圈。

（六）加强补饲

春季牦牛已处于全年最衰弱的时候，除放牧外，还应补饲。补饲草料以贮备的青干草为主，适量补以玉米、青稞、燕麦、胡豆等精饲料，以补充牦牛能量、蛋白质的不足。

（七）一般性治疗药物

养殖户应常备一些治疗牦牛中毒、腹泻、感冒类的药物和广谱抗生素类药物，以便对出现的普通疾病给予及时治疗。

五、补饲标准

可参考四川省地方标准《牦牛补饲育肥技术规程》(DB51/T 1852—2014)

和西藏自治区地方标准《育成牦牛补饲育肥技术规程》(DB54/T 0187—2020)。

(一)冷季补饲标准

白天在冷季草场放牧,傍晚收牧。风雪天就近放牧或在避风的洼地放牧,极度严寒时不出牧。每天早晨外出放牧前和傍晚归牧后补充饲喂 2 次,暴雪天气应适当加大青干草饲喂量。具体牦牛冷季补饲量及预期日增重参考表 14-1。

表 14-1 牦牛冷季补饲量及预期日增重

月龄	体重(kg)	补饲精料 [kg/(头·d)]	补饲青干草 [kg/(头·d)]	预期日增重 (g/d)
6～18	40～80	0.4～0.6	0.6～0.8	≥100
18～30	80～150	0.6～1.0	0.8～1.4	≥150
30～42	150～250	1.0～1.5	1.4～2.8	≥300
≥42	≥250	≥1.5	≥2.8	≥400

(二)暖季补饲标准

白天在暖季草场放牧,傍晚收牧。天气炎热时,中午在凉爽的地方让牦牛卧息及反刍。每天傍晚归牧后补喂精料 1 次,或自由舔食舔砖。具体牦牛暖季补饲量及预期日增重参考表 14-2。

表 14-2 牦牛暖季补饲量及预期日增重

月龄	体重(kg)	补饲精料 [kg/(头·d)]	预期日增重 (g/d)
6～18	40～80	0.4～0.6	≥100
18～30	80～150	0.6～1.0	≥200
30～42	150～250	1.0～1.5	≥400
≥42	≥250	≥1.5	≥500

六、牦牛放牧管理

(一)放牧制度

放牧制度主要是针对草场放牧时期的利用方式和模式,也就是把放牧草地利用的时间和空间进行了合理安排和调整,实现草场的有效利用。通常按照牦牛的放牧方式,可分为自由放牧和划区轮牧。放牧时要选择地势比较平缓、避风向阳的山间坡地、饮水方便的冬季牧场。

1. 自由放牧 自由放牧也称为无系统放牧或无计划放牧,放牧人员可以随意驱赶牛群,在较大范围内自由放牧。

（1）连续放牧 在整个放牧季节内，甚至全年在同一放牧地上连续不断地放牧。优点是便于生产管理。缺点是草地容易遭受严重破坏。

（2）季节放牧地放牧 将草地划分为若干季节放牧地，各季节放牧地分别在一定的时期放牧，如冬春放牧地在冬春季节放牧，夏季来临时，牛群转移到夏秋放牧地放牧，冬季来临时再转回冬春放牧地。优点是利于减轻草地压力，缺点是受季节性因素限制。

（3）羁绊放牧 用绳将牛腿两脚或三脚相绊，或几头牦牛以粗绳互相牵连，使牛不便走远，在放牧地上缓慢行动。对于挤奶管理或驯化调教的牦牛应采用羁绊放牧。

（4）抓膘放牧 夏末秋初，放牧人员专选最好的草地放牧，使牦牛在短时间内育肥，以备出栏屠宰。优点是快速提高牦牛产肉性能，缺点是造成牧草浪费，且破坏草地，降低草地生产能力。

（5）就地宿营放牧 根据生产生活需要，就地放牧。优点是牛粪散布均匀，对草地有利，可减轻螨病和腐蹄病的感染，可提高畜产品产量。

2. 划区轮牧 划区轮牧是指有计划地放牧。把草原分成若干季节放牧地，再在每一季节放牧地内分成若干轮牧分区，按照一定次序逐区采食，轮回利用的一种放牧制度。

（1）一般的划区轮牧 把一个季节放牧地或全年放牧地划分成若干轮牧分区，每一分区内放牧若干天，几个到几十个轮牧分区为一个单元，由一个牛群利用，逐区采食，轮回利用。

（2）不同畜群的更替放牧 在划区轮牧中，采取不同畜群依次利用。如牛群放牧后的剩余牧草，可为其他牛群利用。优点是可提高载畜量。

（3）混合畜群的划区轮牧 在一般划区轮牧的基础上，把牦牛混合组成一个畜群，可以收到均匀采食、充分利用牧草的效果。

（4）暖季宿营放牧 当放牧地与圈舍的距离较远时，从早春到晚秋以放牧为主的牛群，每天经受出牧、归牧、补饲、喂水等往返辛劳的活动，可能降低畜产品数量。这时应在放牧地附近安置畜群宿营设备，就地宿营放牧。

（5）永久畜圈放牧 当牛群所利用的各轮牧分区在圈舍附近（0.5～2 km）时，一般不需要超越划区放牧，管理也方便，即可利用常年永久圈舍。

（二）放牧管理

1. 夏秋季放牧牦牛管理 其主要任务是提高牦牛生产性能，保障繁殖母牛与种用公牛正常的繁殖营养需要，增加畜产品产量。夏秋季要早出牧、晚归牧，延长放牧时间，让牦牛多采食。天气炎热时，让牦牛在凉爽的地方反刍和卧息。外出放牧时由低处（地）逐渐向通风凉爽的高山放牧；由牧草质量差或适口性差的牧场逐渐向牧草质量好的牧场放牧。在牧草质量较好的牧地上放牧时，要控制好牛群，使牦牛成横队采食，保证每头牛能充分采食，避免乱跑践踏牧草或采食不均而造成浪费。夏秋季放牧根据安排的牧场或轮牧计划，要及时更换牧场和搬迁。牛粪应均匀地散布在牧场上，有利于提高牧草产量，减少寄生虫病的感染。

2. 冬春季放牧牦牛管理　冬春季放牧的主要任务是保膘和保胎。冬春季放牧要晚出牧，早归牧，充分利用中午暖和时间放牧和饮水。晴天到较远的山坡和阴山放牧；风雪天就近，到避风的洼地或山湾放牧。放牧牛群朝顺风方向行进。妊娠母牦牛避免在冰滩地放牧，也不宜在早晨及空腹时饮水。刚进入冬春季牧场的牦牛，一般体壮膘肥，应尽量选择未积雪的边远牧地、高山及坡地放牧，推迟进定居点附近的冬春季牧地放牧的时间。在牧草不均匀或质量差的牧地上放牧时，要采取分散放牧的方式，让牦牛在牧地上相对分散、自由采食，以便使牦牛在较大的面积内每头牛都能采食较多的牧草。同时，在冬春季应采取补饲、暖棚饲养等措施。

第二节　牦牛适时出栏技术

牦牛适时出栏的目的是为了减轻草地压力，保护草地植被，提高牦牛养殖效率及经济效益。按照低投入、高产出、高收益的原则，确保牦牛适时出栏，实现利益最大化。

一、牦牛暖季强度放牧育肥出栏技术

青藏高原牧区 6—9 月进入一年中的暖季，正是青绿牧草丰富的季节，牦牛处于 1~1.5 岁、2~2.5 岁和 3~3.5 岁，除了让其尽可能多地采食天然牧草外，还可适当补饲精料进行抓膘。对 1~1.5 岁和 2~2.5 岁的青年牦牛，要充分利用其在暖季生长发育快的特点，促进其快速生长。而对 3~3.5 岁的牦牛，抓膘的主要目的是为了提高出栏上市时的体重和肉品质，增加牧民收入，降低冷季草场载畜量。

该技术使用面广，最大的特点是成本低、效益好，体现了季节畜牧业的特征。其要点是充分利用暖季牧草丰盛期抓膘，把握出栏时间适时出栏。牦牛的适宜出栏年龄为 3.5 岁，即经历 3 个冷暖季，在第 4 个暖季结束即出栏屠宰。实践证明，使用本技术在 7—9 月进行强度放牧育肥，10 月出栏效果最好。

（一）育肥模式

强度放牧＋补饲矿物质微量元素舔砖饲料。

(二) 育肥时间

育肥时间一般为每年 7—10 月。

(三) 育肥牦牛的选择

育肥牦牛主要以 3～5 岁的阉牛和 8～10 岁的经产淘汰母牦牛和空怀母牦牛为主,也可以选择犊牦牛进行育肥。犊牦牛育肥一般分为全乳育肥和半乳育肥两种方式,前者是哺乳期全哺乳(母牦牛不挤奶),并补喂代乳品或少量混合饲料;后者是哺乳期采用半哺乳(日挤奶 1 次),并补喂代乳品或少量混合饲料。

(四) 育肥放牧草场选择

暖季强度放牧育肥主要是发挥牦牛"见青上膘"的特性,主要以放牧为主。草场选择一般为夏秋季牧场,7 月底至 8 月上旬在高山牧场放牧,8 月中旬开始转入围栏草地牧场进行强度放牧。强度放牧就是让牦牛 24 h 自由采食,如果晚上要归牧,必须保证 12 h 以上采食时间。强度放牧过程中一定要注意单位草地面积的放牧强度,一般放牧率在 50% 时,放牧育肥的效果最好。育肥期为 3 个月左右,如果育肥前膘情较好,可适当缩短育肥时间。

(五) 放牧时间

放牧时间一般为 8:00—22:00。为了让牦牛更好地采食牧草,能够使育肥效果最好,尽量采用全天 24 h 放牧法。放牧期间尽量减少长距离放牧和快速驱赶等消耗能量的活动。

(六) 饮水

保证每日饮水 2～3 次,或在水源充足的地段让其自由饮水。

(七) 补饲

每日补饲矿物质营养舔砖或食盐。矿物质舔砖饲料日舔量一般为 80 g 左右,不得超过 100 g。牦牛晚上归牧后,集中在圈内自由舔食 10～20 min,补充矿物质和微量元素,以促进牛体膘肉丰满,存积脂肪。如果没有舔砖,可每日补饲适量的食盐。

(八) 转场轮牧

按季节划片进行转场放牧,是充分、合理利用草场资源,提高牦牛生产力的有效途径,即每隔 15～20 d 转换草场 1 次,充分利用边远高海拔草场的优质牧草进行育肥,这样既能使牧草有生新养息、开花结籽的机会,又能预防杂草、毒草滋生,草场退化,以及寄生虫的感染。

(九) 育肥期

育肥期一般为 90～120 d,也可根据草场情况、育肥前膘情和市场行情,适当缩短或延长。

（十）注意事项

强度放牧育肥是在暖季进行，一是草场上雷阵雨多，要注意人、牛安全，防止电击和冰雹伤亡，要避开牧场的雷电区。二是要控制牛群，减少游走时间，增加食草时间，放牧距离控制在 4 km 以内，尽量做到多吃草、多上膘、少消耗。

二、牦牛冷季放牧育肥出栏技术

进入冷季以后牦牛疲乏瘦弱，在转入暖季后要浪费大量的饲草料才能恢复至冷季掉膘前体重。因此，从 11 月至翌年 5 月中旬，防止冬季掉膘或减少掉膘是牦牛生产走上良性循环、提高反季节育肥效果的有效措施。

根据当地的条件，为减少体能损失，育肥牛不宜在低温和大风环境放牧或长时间放牧，近距离放牧最好在背风向阳的山坡草地，或给牦牛体外盖上保暖被毯等。也可以适当补充高能量饲料或舔砖，防止冷季掉膘。掉膘幅度越低，反季节育肥效果越好。夜间或大风低温天气要加强保暖措施。

（一）育肥模式

采取放牧＋半舍饲补饲（营养舔砖、精料、青干草）。

（二）育肥时间

一般为 11 月至翌年 5 月。

（三）草场选择

一般选择在秋冬牧场或过渡牧场育肥。专门划定冷季半舍饲育肥草场进行围栏封育，要求牧草丰茂，水源充足，距离圈舍近。

（四）育肥牛选择

育肥牛一般选择 8～10 岁的经产淘汰母牦牛、空怀母牦牛或犊牦牛，以及体况较差的阉牛。

（五）补饲及饮水

根据体重，每头牛每天定时定量饲喂混合精饲料和青干草，自由饮水，如果能饮用温水更佳，避免饮用结冰水，一般白天饮水 2～3 次。在草场或圈舍内放置营养舔砖供牦牛自由舔食，补饲草料要多样化搭配，禁喂发霉变质饲料。

（六）放牧时间

放牧应在早霜消融后（9:00—10:00）出牧，下午在太阳落山前（17:00—18:00）归牧。早上适宜在阳坡山腰地段放牧，下午适宜在阴坡山根草场放牧。

（七）育肥期

育肥期一般为 4 个月左右，也可根据育肥牛膘情、市场行情、上市时间等因素适当缩短或延长。

（八）注意事项

冷季育肥应注意减少牦牛膘情损失，一是放牧以晚出牧早归牧为主，如遇冰雪大风天气，可在近牧场晚出牧或不出牧。二是尽量在近牧场背风向阳的山坡草地进行放牧，减少牦牛游走时间。三是储备足量饲草料，以免大雪封山，饲草料供给不畅造成损失。

三、牦牛错峰出栏技术

错峰出栏是在牦牛冷季舍饲育肥饲养技术的基础上逐渐完善形成的，主要目的是转变传统的牦牛生产方式，使其适应现代集约化、规模化养殖，缓解草原超载过牧，减少牦牛冷季掉膘，缩短饲养周期，保障新鲜牦牛肉季节稳定均衡供给，增加农牧民收入。

牦牛错峰出栏一般在冷季进行，一是由于进入冷季，牦牛集中出栏，销售价格一般较低，有利于收购质优价廉的架子牛。二是避开了牦牛集中屠宰上市的高峰期和价格的低谷期。三是经过冷季短期育肥，在新鲜牦牛肉相对匮乏期上市，有利于实现牦牛肉的季节均衡供给和提高养殖效益。

牦牛错峰出栏技术在避免牦牛冷季掉膘的同时能显著提高牦牛生产性能，提高饲草料利用率，提高牦牛养殖效益，有利于实现牦牛肉的全年均衡供给，稳定市场价格，可以获得较高的经济效益和生态效益。

四、犊牦牛适时出栏技术

犊牦牛适时出栏是基于牛群的生产方向和品种选育进行的，将不符合品种标准和选育要求或商品群中的犊牛进行适时断奶出栏，进行短期育肥后生产小牦牛肉的一项实用技术。实施犊牦牛适时断奶出栏有利于母牦牛体况尽快恢复，提高母牦牛的繁殖性能，也是保证母牦牛一年一胎的有效途径之一，此方法简单、易行，便于推广。目前使用最多的有犊牦牛早期断奶育肥出栏和犊牦牛全哺乳育肥出栏。

（一）犊牦牛早期断奶育肥出栏技术

犊牦牛在出生 10 d 以后即可采食鲜嫩牧草，在全哺乳条件下可给犊牦牛适量补充优质青干草，使其随意采食或在草场条件较好的近牧场随母牦牛一起放牧，及早训练犊牦牛采食粗饲料可促进其瘤胃发育。犊牦牛一般 3 月龄时能大量采食牧草，3 月龄以后即可以进行早期断奶，4~6 月龄断奶并进行分群饲养，育肥出栏。

（二）犊牦牛全哺乳育肥出栏技术

犊牦牛全哺乳育肥出栏技术是充分利用犊牦牛生长发育优势、母乳营养优势、暖季牧草生长优势而建立的一项犊牦牛生产技术。生产中可在选留犊牦牛以后将剩余犊牦牛延长哺乳时间，在条件较好的草场进行放牧并补饲精饲料和青干草，到冷季来临前集中屠宰，生产犊牦牛肉。应用该技术，一方面加大了犊牦牛淘汰力度，不仅生产了优质小牦牛肉，而且增加了经济收入；另一方面加快了后备犊牦牛的育肥速度，降低了冬春草场的载畜量，并减轻了牧工劳动量。

第十五章　牦牛舍饲化技术

为有效提高牦牛出栏率和商品率，牦牛饲养方式从传统放牧改变为舍饲与半舍饲养殖，能够有效提高牦牛对饲料的消化利用率，从而提高牦牛的增长速度，节约饲料成本。

第一节　牦牛舍饲和半舍饲养殖技术

采用舍饲与半舍饲养殖技术能够实现大规模集约养殖，运用先进养殖理念，加强牛棚、圈舍等基础设施的建设，建成现代化养殖场；还能够节约养殖成本，提高牦牛养殖效益。舍饲养殖和半舍饲养殖能够减小因季节性变化给牦牛生产带来的影响。

一、舍饲的类型

根据牦牛生理特点，同时依照不同的合作社、养殖场、圈舍、流转资金、饲草料资源、市场价格、牛肉品质等因素，科学选择不同的舍饲养殖方式。

（一）半舍饲半放牧养殖技术

夏季青草期牦牛采用放牧养殖，寒冷干旱枯草期在牛舍内圈养，这种半集约养殖方式称为半舍饲＋半放牧养殖。采用这种养殖方式，不但可以利用草地放牧，节省投入，且犊牛断奶后可以安全营养过冬，在第二年青草期放牧能获得较理想的补偿增长。此外，采用此种方式养殖还可在屠宰前有 3～4 个月的舍饲育肥，从而达到最佳育肥效果。

（二）舍饲养殖技术

从饲养开始到出栏全部实行圈养的养殖方式。优点是使用土地少，饲养周期短，牛肉质量好。缺点是投资大，饲养过程中需要较多的精料，养殖成本较高。

二、牦牛冷季异地舍饲养殖技术

（一）过渡期驯饲管理

从牧区收购来的牦牛野性大，舍饲的驯化饲养期一般 2 周左右。以青干草或者秸秆类粗饲料微贮，由少到多添加精料，对不吃精料的牦牛，可在精补料中多加 1%～2% 的盐，先喂精料后喂粗饲料，可以与其他牛混合饲养，让牦牛适应舍饲精料。已适应舍饲的牦牛，可采用放牧加补饲、逐渐缩短放牧时间的方法。采用分散饲养，每头牛自由运动面积应大于 10 m²，拴系饲养，每头牛的饲喂宽度应大于 1.2 m。

（二）驱虫、健胃、免疫

自然放牧状态下，牦牛易感染各种寄生虫病，导致生长缓慢，饲料转化率低，严重者造成死亡。可根据不同厂家的驱虫药使用说明书给药，并无害化处理驱虫粪便。驱虫后采用中草药舔砖等进行健胃。根据当地流行的高危传染病进行疫苗免疫接种。

（三）饲料原料及配制原则

因地制宜，多种搭配，营养均衡，适口性及可消化性高。

能量饲料（占精补料 60%～80%）：包括玉米、青稞、麦类、麦麸等。

蛋白饲料（占精补料 10%～20%）：包括棉籽饼粕、菜籽饼粕、发酵酒糟蛋白等。

粗饲料：包括酒糟、青贮玉米、燕麦干草、麦秸等。

日粮中补充食盐 1.5%，小苏打 0.5%～1.0%，石粉 1%，磷酸氢钙 0.5%～1%，铁、铜、锰、锌、硒等微量矿物质元素，以及补充脂溶性维生素 A、维生素 D、维生素 E，或使用牦牛专用预混料，维生素采用包被维生素为宜，可提高加工贮藏中的稳定性和过瘤胃效率。

（四）舍饲养殖的阶段化技术

第一阶段（中能高蛋白日粮）：主要改善牦牛体质，由于牦牛自然放牧下摄入能量、蛋白质和矿物质元素不足，应充分发挥牦牛的补偿生长，提高养殖效益。

第二阶段（高能中蛋白日粮）：主要增加牦牛体重，可提高日粮能量水平，保持较高的日增重，快速达到上市体重。

第三阶段（高能低蛋白日粮）：主要以改善肉质为主，提高精料比例，促进脂肪沉积，降低青贮用量，提高长干草用量，以防瘤胃酸中毒。

重视养殖后期日粮能量供给，提高日粮能量水平，可提高牦牛生产性能、屠宰性能和牛肉品质。详见表 15-1。

表 15-1　不同阶段日粮能量蛋白水平（干物质基础）

项　　目	第一阶段	第二阶段	第三阶段
日粮精粗比	35：65	50：50	70：30
综合净能（MJ/kg）	5.0	5.5～6.0	6.5
粗蛋白（%）	13～14	12～13	10～11

（五）注意事项

牦牛常年在外放牧，未采食过农作物秸秆饲草，在开始饲喂时要先投给燕麦草等用以诱导，农作物秸秆应逐渐增加，直到适应后再舍饲养殖。

牦牛进圈舍饲时间可分段进行，早则 11 月，晚则 12 月与 1 月较为适宜，出栏时间可根据牦牛膘情与市场需求而定，一般 2—4 月最好，此时正值牛肉供应淡季。

三、犏牛和尕利巴犊牛舍饲养殖技术

随着高原牧区犏雌牛和尕利巴犊牛养殖数量增加，牧区对犏牛和尕利巴初生牛犊进行人工舍饲养殖越来越普及。

（一）犊牛饲养要点

1. 吃足初乳 犊牛出生后 1～1.5 h 及时喂给初乳（也可以喂人工初乳），7 日龄内一定要吃足。因为初乳有助于抗菌、泻胎粪，营养极为丰富。

2. 饲养管理 犊牛 7 日龄后开始训练饮用温水。在 10～20 日龄开始训料，将精料制成粥状，并加入少许牛奶，初喂 10～20 g，逐渐增加喂量；20 日龄开始每日给 10～20 g 胡萝卜碎块，以后逐渐增加喂量；30 日龄时，槽内放青草或青干草诱导其采食；60 日龄开始加喂青贮饲料，首次饲喂量为 100～150 g，以后逐渐增加，饮水要充足。春秋季时白天放牧，夜间舍饲补饲一定量青（半干）贮、氨化、微贮秸秆等粗饲料和少量精料。冬季要补充一定的精料，适当增加能量饲料（菜籽饼等），提高犊牛的防寒能力。对舍饲养殖犊牛定期进行防疫和驱虫。

（二）饲喂标准

犊牛整体舍饲 6 个月，按照犊牛不同生长发育时期的生理特性、能量需求分阶段饲喂，按照不同生长阶段实行不同饲喂标准。

出生后 1～7 日龄，实行全乳饲喂。犊牛出生后，进行全人工哺乳，每头犊牛从每日喂乳 0.5 kg 逐步提高到 1.5 kg，也可适当喂一些葡萄糖水。

8～30 日龄，以鲜奶为主，代乳料为辅。每头犊牛鲜奶喂量从每日平均 1.5 kg 逐步降至 0.5 kg，代乳料从 0.25 kg 逐步增加至 1 kg。

31～60 日龄，为料乳平衡阶段。每头犊牛日均保持 0.5 kg 鲜奶、1 kg 代乳料，可以用青草诱导采食。

61～90 日龄，以代乳料为主，适应性放牧。

91～180 日龄，精料补饲，正常放牧，也可以舍饲暖棚育肥，喂给日粮。

（三）适时出栏

当犊牛育肥 180 日龄、体重达 60 kg 以上，且全身肌肉丰满，皮下脂肪附着良好时，即可出栏。

（四）注意事项

五定四看，定时、定质、定量、定人、定期称重；看吃料、看鼻镜、看粪便、看精神。定期对料槽、水槽、圈舍等消毒一次，注重生物安全。预防瘤胃酸中毒。

日粮配制不科学，精料采食过多或长期饲喂酸度高的青贮饲料可能导致亚急性酸中毒。症状是食欲降低、鼻镜干燥、反刍减少或停止，空口咀嚼和流涎，腹泻，慢性的胀满、行动迟缓和跛行。预防主要是科学配制日粮，TMR饲喂，提高粗料的加工质量和满足粗料饲喂数量。治疗可采用减少精料或青贮饲喂量，增加粗料喂量，添加长干草，在日粮中添加适量小苏打。按说明静脉注射 5‰碳酸氢钠注射液；同时补充 5‰葡萄糖生理盐水，配合使用抗生素防止继发感染。

第二节　牦牛舍饲育肥技术

冬季在舍饲条件下，牦牛体重下降幅度相对于纯放牧条件明显减小，并且犊牛体重和体尺与放牧养殖相比呈增长趋势，舍饲牦牛日产乳量也高于放牧牦牛。除了增重速度有显著提高外，每千克增重的饲料成本也明显降低。

一、舍饲育肥牦牛个体选择

（一）性别
首选公牛，饲料报酬高；其次是阉牛，肉品质好。
（二）年龄
24～36 月龄。
（三）体重
同月龄的，体重越大越好。

二、体况体型

（一）体况
选择经过放牧体况中等程度的牛，虽其外观较差，但是经过育肥后发育快，增重也快。尽量不选择体格过大或过小的牛。
（二）体型
从前望、后望、侧望、上望等不同角度，选择体躯部分呈矩形或长方形，也称为砖块形；四肢及躯体较长，十字部略高于体高，后肢飞节高的牛发育能力强；架子牛的背部、腰肌肉要充盈，肩胛与四蹄必须强健有力。

三、育肥关键技术要点

(一) 牛舍内环境

温度：一般为 5～21 ℃，舒适范围为 10～15 ℃。

湿度：50%～70%为宜。

气流：冬季不应超过 0.2 m/s。

有害气体：氨含量小于 0.002 6%；一氧化碳含量小于 0.002 41%；硫化氢含量小于 0.000 66%；二氧化碳含量小于 0.15%。

(二) 适应期饲养管理

1. 饮水 第一次饮水切忌暴饮，可按每头 50 g 加入人工盐。第一次饮水后 3～4 h，可进行第二次饮水，此时自由饮水，水中掺些麸皮效果更好。

2. 饲喂干草 牛饮足水后，可饲喂干草或秸秆。第一次饲喂每头给 4～5 kg，2～3 d 后增加给量，5～6 d 后可充分采食。

3. 饲喂精料 饲喂 2～3 d 的粗饲料后，开始饲喂精料，饲喂量一般占活重的 0.25%～0.5%，以后逐渐增加到计划量。

4. 观察与保健 观察牦牛健康和精神状况，发现问题应及时处理，并随即进行健康检查、驱虫和健胃。

5. 精粗日粮比 精粗料比例，按照干物质计，精粗饲料比例一般为 1：(2～3)。粗饲料以玉米秸秆及玉米秸秆青贮为主时，精粗饲料比例为 40：60。如果饲喂高精料日粮，容易引起腹泻，可每头每天喂瘤胃素 50～360 mg，或按混合精料的 1%～2%添加碳酸氢钠，或采取减少谷物饲料、增加粗饲料的饲喂量来预防。

6. 饲喂方法 每天定时饲喂 2～3 次，每次饲喂间隔大于 6 h（充足的反刍）。每次采食时间 1～1.5 h（保证采食充足）。精料应提前用水泡软并与粗饲料混合均匀，有条件的使用 TMR 设备。分批分次添料，少添、勤添。定时饲喂和饮水，饮水应在饲喂后 1 h 进行，夏季饮水 2～3 次，冬季 2 次。有条件的地区最好饮温水，自由饮水。

(三) 管理方式

1. 围栏散养 性别相同、体重和年龄相近的牛编为一组，统一饲养。圈内群养，应饲喂全价混合日粮。自由采食、自由活动。

2. 拴系饲养 按大小、强弱编好顺序，确定槽位。

3. 注意要点

(1) 三观察 观察育肥牛精神状态、食欲、排便情况；发现异常及时检查、治疗。

（2）四干净　饲料干净：不含沙子、金属、塑料绳等异物，未发霉腐败，不受农药污染。牛床干净：勤除粪，保持牛舍卫生。食槽干净：饲喂后及时清理牛槽，防止草料残渣存留，导致腐败。牛体干净：每天刷拭牛体，经常保持清洁。

（3）五固定　固定饲养人员：人员变更会导致牦牛不适，影响生长。固定饲养头数：根据圈舍大小固定饲养头数，实现最大效益。固定饲料种类：不能随意更改饲料，如需要调整日粮配方和种类时，要逐步进行。固定饲喂时间：使育肥牦牛适应消化和采食规律，促进生长。固定饲养管理日程：规定各生产人员职责，保证牛场工作效率。

4. 出栏判定

（1）采食量的判定　日采食量随育肥期的增加而下降，如下降量达正常量的 1/3 或更少；或者日采食量（以干物质计）为活重的 1.5% 或更少则可出栏。

（2）脂肪沉积的判定　坐骨端、腹肋部、腰角部等有沉积的脂肪，观察脂肪厚薄。有条件的可以直接利用超声波设备，观察肌内脂肪和眼肌面积大小。

（3）育肥指数的判定　利用活牛体重和体高的比例关系，指数越大，育肥度越好。

四、育肥牦牛饲料标准

西藏自治区地方标准《育成牦牛补饲育肥技术规程》（DB 54/T 0187—2020）提供了推荐方案。

（一）推荐补充精料配方

每千克精料由以下成分组成：玉米 480 g，麦麸 100 g，青稞 88 g，豆粕 100 g，油饼 87 g，酒糟 90 g，磷酸氢钙 10 g，尿素 16 g，食盐 10 g，预混料 10 g，小苏打 8 g，硫酸镁 1 g。

（二）推荐舔砖配方

采用压制工艺制作舔砖，压强为 20 MPa，每千克舔砖由以下原料组成：硫酸锌 0.5 g，硫酸铜 0.5 g，硫酸锰 0.7 g，硫酸亚铁 0.8 g，亚硒酸钠 22 g，半胱氨酸盐酸盐 2.5 g，碘化钾 0.05 g，氯化钴 0.05 g，硫酸镁 15 g，小苏打 50 g，磷酸氢钙 85 g，玉米粉 100 g，麸皮 34 g，菜籽粕 20 g，大豆磷脂粉 120 g，尿素 50 g，食盐 200 g，膨润土 110 g，硅酸盐水泥 8.9 g，糖蜜 100 g，维生素预混料 80 g。

（三）推荐干草

青稞、燕麦和黑麦等干草。

第三节　牦牛舍饲棚圈建设技术

尽管牦牛有很强的抗逆性，但对其恶劣环境的适应是以降低体重、降低繁殖能力、延长出栏周期为代价的。要实现牦牛养殖业的高产、优质和高效，就必须改变其生存环境。牦牛舍或棚圈建设是牦牛现代化养殖的基础性建设。

一、棚圈建设基本要求

（1）根据牦牛生物学特性及对温度、湿度、光照等环境的要求，结合当地气候条件和饲养方式，建造棚圈。

（2）采用透光保温性能好、抗张力强度大、使用寿命长、易封闭的覆盖材料，尽可能地利用太阳辐射热和牛体本身所散发的热量。

（3）棚圈采光面的仰角（即夹角）应大于或相当于当地冬至时的太阳高度角，使进入舍内的光线入射角增大，有利于采光。采光面仰角宜选择 33°。

（4）棚圈应便于通风换气、防疫、消毒，防止风雪侵袭和棚内结露，避免贼风，创造有利于牦牛生长发育和生产的小环境，减少能量损耗，降低维持需要。

二、选址要求

（1）棚圈地址选择应符合当地农牧业生产发展总体规划、土地利用发展规划、城乡建设发展规划和环境保护规划的要求。

（2）棚圈建在离牧民定居点建筑群或放牧点相近之处，并与定居点保持一定距离，一般不小于 500 m，以便于放牧、饲养管理，减少环境污染和疾病传播。棚圈周围应具备就地无害化处理粪尿、污水的足够场地和排污条件。

（3）应选择地势高燥、背风向阳、空气流通、土质坚实、水源充足、水质良好、地段平坦且排水良好之处，周围无遮蔽物、隔离条件好、易于组织防疫的地方，远离水源地；交通相对便利，距交通要道应在 1 000 m 以上。

（4）规定的自然保护区、水源保护区、风景旅游区，受洪水或山洪威胁及泥石流、滑坡等自然灾害多发地带，自然环境污染严重的地区，冬季多风区不应修建棚圈。

三、朝向

以坐北朝南、东西向、偏西 5°～10°最好。便于向阳采光，延长采光时间。

四、饲养密度

每头成年牦牛棚内饲养占用的面积为 3.5～4.5 m²。育肥暖棚面积以 50～80 m² 为宜，繁育暖棚面积以 80～120 m² 为宜，可根据地势、经济能力、牛群数量适当增减，最多不超过 240 m²，最少不低于 50 m²。养殖小区和养殖场在暖棚南侧设运动场，放牧地区可不设置，运动场用围栏或土墙围起，面积以圈舍建筑面积的 2～3 倍为宜。

五、棚圈使用注意事项

（1）使用前，应进行彻底消毒。检查棚舍、设施、设备是否完好，是否有引起牛损伤的利器、钝器等物件，特别要注意易损部件（如门窗等）是否有保护措施。

（2）冬季为降低舍内湿度，防止结露，可通过加强通风、铺设干燥牛粪和碎草混合垫料（厚 30 cm 以上）加以解决。

（3）寒冷时为加强暖棚在冬季的保温效果，有条件时可在暖棚四周墙壁外10 cm 处挖 70～80 cm 深、30 cm 宽的防寒沟，沟内填炉渣、麦草等物，采光棚面上可配备可以升降的草帘，密封好边缘缝隙，破损部位及时修补，门口挂门帘。根据气温变化及时开关进气窗和排气窗。

（4）暖季时，暖棚的进气窗和排气窗应全部打开，以利通风降温。

（5）在冬季要及时清除棚面上的积雪，以免压塌棚舍。

六、暖棚养殖草料储备

储草棚采用简易钢结构，独立基础，钢管柱，钢屋架承重，檐口高 6.0 m，水泥砂浆地面，彩钢瓦屋面。建造地点选在离牛舍较近的位置，选择的位置应稍高，既干燥通风，又利于饲料向牛舍运输。草料的准备和调制是暖棚养畜的关键。饲草采取青干草和生物发酵饲草，生物发酵利用秸秆青贮和微生物发酵技术储备。饲料储备要充足，按饲养牦牛数量做好计划。配合饲料是根据舍饲牛生长阶段和生产水平对各种营养成分的需要量和消化生理特点调制的，配合饲料要做好计划储备，避免饲料浪费，提高饲料转化率。常用配合饲料有浓缩饲料、精料混合料、全价配合饲料。

七、暖棚养殖的饲养技术

设计好食槽、水槽，防止牛践踏草料和弄脏饮水，提高草料利用率。同时，按大、小、公、母分开饲养。饲喂时将饲料放入饲槽中供牛自由采食，喂食应少量多次，每天 4 次。水槽中不能断水，注意每天换水。同时按照牦牛不同生长阶段配制精料补充料，一般秸秆饲草与精料比例育肥牛和种公牛为 4：1，妊娠牛为 5：1。

八、饲养管理技术要点

棚舍养殖牛，应注意做好环境卫生、通风换气，做好棚舍小气候的控制，避免湿度过大等。

（1）对进入棚舍的牦牛要进行驱虫、健胃、防疫。

（2）在饲养上要做到三定（即定时、定量、定人员），这样有利于增进牦牛的采食和反刍，减少应激并且有利于观察掌握牦牛的基本情况。

（3）按照饲养标准，依据不同的年龄、体重进行日粮配合，更换饲料种类时应逐渐进行，须有 7～15 d 的过渡时间。

（4）做到四净一干，即水、草、料、用具干净，牛床应保持干燥。饲喂方式上做到三先一足，即先饲草后精料、先拌后喂、先喂后饮，并保证有充足的饮水。

（5）要注意观察牛群，防止下痢，保持适量的运动。搞好环境卫生及通风换气，勤换垫草，防止腐蹄病或蹄叶炎等疾病发生。

九、棚圈内调节

高原牧区低温环境会引起牦牛的冷应激。一些反应剧烈的冷应激甚至可能导致动物的一些呼吸系统疾病、生产性能降低，甚至出现死亡的现象。因此，在高原地区进行舍饲养殖需注意改善牦牛的饲养环境条件，做好牛舍的保温与通风工作，加强牦牛冷应激的相关营养调控。

（1）温度和湿度　棚圈内的适宜温度应保持在 7～27 ℃，相对湿度应保持在 50％～75％。

（2）保温升温　寒冷时用双层塑料或加盖草帘、单子、棚布等方法，使夜间棚舍内热能不向外散发，密封好采光棚边缘缝隙，破损部位及时修补，门口挂门帘，以保持棚内较高的温度。

（3）降温　采用自然换气降温和动力换气降温，自然换气降温是在牛外出放牧前 1 h，打开门窗进行通风换气，使棚圈内外温度接近，以防牦牛外出放牧时温差太大而引发疾病。

（4）有害气体　饲养员进入棚圈内无异样气味，说明棚内有害气体较少。如果饲养员进入圈内有异样感觉，如流泪、刺鼻、恶臭味，说明棚内有害气体含量高，应及时通风换气。

（5）通风换气　通风换气可有效地控制棚舍内有害气体、尘埃和微生物含量。棚舍应定时通风换气。通风换气时间一般应在外界气温高、舍内外温差最小的中午进行。打开阳光照射的一面进气孔和屋顶排气孔换气，每次 30～60 min。夜间气温低，不宜换气。一般采用间歇式换气法，即换气-停-再换气-再停，具体换气次数和时间应根据棚舍大小、牦牛数量及空气质量决定。要及时清扫饲槽，经常保持干净饲喂。勤除粪，经常更换新垫土。

第十六章 牦牛场消毒与疫苗使用技术

做好日常消毒防疫和应急处理，不仅是牦牛健康养殖的必要环节，也是提高牦牛生产效率的重要保证。目的是净化牦牛饲养环境，减少环境中的病原微生物数量，保证牦牛健康养殖。

第一节 牦牛场消毒技术

消毒是贯彻"预防为主"方针的一项重要措施，也是预防疫病的重要手段。牦牛养殖场必须建立并严格执行消毒制度，做到无疫病时对环境进行预防性消毒；当传染病发生时，对环境进行随时消毒和终末消毒。

一、消毒方法

（一）消毒分类

按消毒的目的分为三类：①预防性消毒：结合平时的饲养管理对畜舍、场地和饮水等进行定期消毒。比如，牦牛场一般采用每月1次全场彻底大消毒，每周1次小环境、圈舍及牛体的消毒。②随时消毒：在传染病发生时，为了及时消灭刚从病畜体内排出的病原体而采取的消毒措施。③终末消毒：在病畜解除隔离、痊愈或死亡后，或者在疫区解除封锁之前，为了消灭疫区内可能残留的病原体所进行的全面彻底的大消毒。

（二）常用消毒方法

1. 机械性清除 用机械的方法如清扫、洗涮、通风等清除病原体，是最普通、常用的方法。如畜舍地面的清扫和洗刷、畜体被毛的刷洗等，可以使畜舍内的粪便、垫草、饲料残渣清除干净，并将牦牛体表的污物去掉。随着这些污物的消除，大量病原体也被清除。机械性清除不能达到彻底消毒的目的，必须配合其他消毒方法进行。通风亦具有消毒的意义，可在短期内使舍内空气交换，减少病原体的数量。

2. 物理消毒法 是利用物理因素杀灭或消除病原微生物的方法。

（1）阳光、紫外线和干燥 阳光是天然的消毒剂，其光谱中的紫外线有较强的杀菌能力，阳光的灼热和蒸发水分引起的干燥亦有杀菌作用。

（2）高温　火焰的灼烧和烘烤是简单而有效的消毒方法。其缺点是很多物品由于灼烧而被损坏，实际应用并不广泛。

（3）干热法　指用烘箱等内干热的空气（一般 160～170 ℃处理 2 h）进行消毒。常用于不宜用其他方式消毒的器皿、试管、用具的消毒，如兽医室、实验室的器具消毒等。

（4）湿热法　煮沸法，一般水沸后再煮 15～30 min，常用于注射器、手术器械等小件物品的消毒。高压蒸汽灭菌法，一般温度 121 ℃、压力 0.2 MPa，维持 15～30 min，本法消毒最彻底，也最常用。巴氏消毒法，在 63～65 ℃经过 30 min，或 71～72 ℃经过 15 min，或让液体在较细的管道里通过 132 ℃高温 1～2 s，常用于牛奶消毒。

（5）紫外线消毒法　要求距离 2 m 以内，时间要在 0.5 h 以上。常用于手术室、无菌操作室、更衣室等消毒。

3. 化学消毒法　利用化学药品杀灭传播媒介上的病原微生物以达到预防感染、控制传染病传播和流行的方法。该法具有适应范围广、消毒效果好、无须特殊的仪器和设备、操作简便易行的特点。理想的化学消毒剂要求：高效广谱、安全、起效快、性能稳定、价格便宜及运输使用方便。

消毒剂根据杀菌能力分为高效、中效、低效等三类消毒剂。高效消毒剂（戊二醛、氢氧化钠、过氧乙酸等）杀灭病毒、细菌、芽孢、真菌等，但刺激性强，不适于带畜消毒；中效消毒剂可以杀灭除芽孢以外的其他病原微生物，杀菌效果较强，刺激性稍强，比如 75％乙醇、苯酚、含氯制剂、含碘制剂等，其中含氯制剂常用于牦牛饮用水消毒；低效消毒剂杀菌效果稍弱，刺激性小，可杀灭细菌繁殖体、真菌、亲脂病毒等，如季铵盐等。

4. 生物消毒法　即高温发酵消毒法，利用一些微生物来杀灭或消除病原微生物的方法，原理是某些腐败菌在温度达到 60～70 ℃时仍能正常生长，保证发酵过程的持续进行。方法是将粪便、垃圾等堆积起来利用生物发酵产生的热能杀灭病原体，一般经 3～6 周即可杀死其中的大多数病原微生物和寄生虫卵。注意里外、上下翻堆 3～4 次。

二、牦牛场的常规消毒

（一）出入人员的消毒

原则上牦牛场不接待任何来访者，场内人员不得随意进出场区，对许可入场区的一切人员，必须坚持"场区门前踏 3％烧碱池，更衣室更衣，消毒液洗手，生产区门前消毒池及各牦牛舍门前消毒盆、垫，消毒后方可入内"的消毒制度。

（二）出入车辆的消毒

对许可入场区的一切车辆必须进行消毒，特别是车辆的挡泥板和底盘要充分消毒，驾驶室内也要严格消毒，并做好记录。牦牛场门口应设专用消毒池，消毒池的长度为进出车辆车轮2个周长以上，其大小一般为长5 m×宽3 m×深0.3 m，消毒池上方最好建顶棚，防止日晒雨淋，消毒池内加2％氢氧化钠、10％石灰乳或5％漂白粉，并定期更换消毒液。每栋圈舍的门前要设置脚踏消毒池（长、宽、深分别为0.6 m、0.4 m、0.08 m），可用二氯异氰尿酸钠稀释液或复合酚，消毒液每天适量添加，7 d更换1次。有条件的还要在生产区出入口处设置喷雾消毒装置，喷雾消毒液可采用1∶1 000的氯制剂。所有进入养殖场（非生产区或生产区）的车辆必须严格消毒，

（三）器具设备的消毒

圈舍内器具设备应固定，不得互相串用，其他非生产性用品，一律不能带入生产区，一般要求每用必消毒，先消毒后使用，消毒前应用清水多次清洗；圈舍内的用具消毒可和带牦牛消毒一同进行；饲喂用具用消毒剂浸泡或煮沸、高压蒸汽消毒；要定期对饲料车、料箱、补料槽、保温箱等进行消毒。

（四）牛舍的清洁消毒

1. 遵循原则　新修圈舍或空闲圈舍应彻底清扫干净，除去粪污、灰尘、杂物，用高压水枪冲洗；再用适宜方法消毒，包括烧灼及熏蒸多种消毒方法轮流消毒，牛场消毒通常选择多种消毒剂进行轮换使用，避免耐药性产生；消毒待干燥后再冲洗、通风，空置5～7 d，再引进下一批牦牛。

2. 牛舍的消毒步骤　养殖场实行"全进全出"制度，每栋圈舍全群移出后，在进新牦牛前，必须对圈舍及用具进行全面彻底的严格消毒，确保牛群的最佳生长条件；牦牛出舍后或进舍前进行消毒，实施顺序为圈舍排空、清扫、洗净、干燥、消毒、干燥、再消毒，两次消毒最好是喷雾、喷洒消毒和熏蒸消毒交替进行，喷雾、喷洒消毒可选用复合酚、碘消毒剂、过氧乙酸及双季铵盐类消毒剂；熏蒸消毒选用甲醛、过氧乙酸等。

在牦牛出栏后，先用3％～5％氢氧化钠溶液或常规消毒液进行1次喷洒消毒，主要目的是防止粪便和粉尘等污染舍区环境。为了提高消毒效果，一般要求使用2种以上不同类型的消毒药进行至少3次的消毒（建议消毒顺序：甲醛、氯制剂、复合碘制剂、重蒸），喷雾消毒要使消毒对象表面至湿润挂水珠，最后一次最好把所有用具表面至湿润挂水珠，把所有用具放入圈舍再进行密封熏蒸消毒。在完成所有清洁和消毒步骤后，保持不少于2周的空舍时间。引进牦牛前5～6 d对圈舍的地面、墙壁用2％氢氧化钠溶液彻底

喷洒，24 h后用清水冲刷干净，再用常规消毒液进行喷雾消毒。

场区每2个月用2%～3%的烧碱溶液喷洒一次，各栋牛舍内的过道每星期用3%的烧碱溶液喷洒一次，每星期末按要求交替使用不同消毒剂对牛体、顶棚、墙壁、设施喷雾消毒一次；牛场要实行全进全出制，空栏要用清水冲洗干净，然后用3%的烧碱溶液消毒地面和排粪沟。待干燥后，即可接纳消毒后的牦牛。

（五）带牦牛消毒

带牦牛消毒就是对圈舍内的一切物品及牛群体、空间用一定浓度的消毒液进行喷洒或熏蒸消毒，以清除圈舍内的多种病原微生物，阻止其在舍内繁殖，并能有效降低圈舍空气中浮游的尘埃，避免牛呼吸道疾病的发生。坚持每日或隔日对牦牛进行喷雾消毒，可以大大减少疫病的发生，在夏季还可起到降温作用。

1. 消毒前的准备　先将牦牛舍及牦牛体表彻底清扫干净，然后打开门窗使空气流通，再用高压水枪对地面沉积物及污物进行彻底清洗。

2. 消毒药的选择及配制　针对不同场地，根据牦牛的年龄、体质状况、季节和传染病流行特点等因素，有针对性地选用不同的带牦牛消毒药，并参照说明书，准确用药。配药最好选用深井水，含有杂质的水会降低药效。根据牦牛的年龄和季节确定水温，低龄牦牛用温水，一般夏季用凉水，冬季用温水，水温一般控制在 30～45 ℃。在夏季，尤其是炎热的夏伏天，可选在最热的时候消毒，以便消毒的同时起到防暑降温的作用。

3. 消毒方法　将喷雾器清洗干净，配好药液，即可由牦牛圈舍一端开始消毒，边喷雾边向另一边慢慢移动。喷雾时要将喷头举高，喷嘴向上喷出雾粒。雾粒可在空气中缓缓下降，除与空气中的病原微生物接触外，还可与空气中的尘埃结合，起到杀菌、除尘、净化空气、减少臭味的作用。地面、墙壁、顶棚都要喷上药液，以距牛体 60～80 cm 喷雾为佳，一般情况下每周消毒 2～3 次。

（六）饮用水的消毒处理

饮用水消毒的目的是杀灭水中对动物健康有害的绝大部分病原微生物，其中包括细菌、病毒、原生动物等，以防止通过饮用水传染疾病。由于消毒处理并不能完全杀灭水中所有微生物，所以消毒处理是在达到饮用水水质微生物学标准的条件下，将饮用水导致的水介传染病的风险降到最低，达到完全可以接受的水平。

牦牛的饮水应清洁无毒、无病原菌，符合人的饮用水标准。生产中要使用干净的自来水或深井水，但进入圈舍后，由于暴露在空气中，舍内空气、粉尘、饲料中的细菌可对饮用水造成污染。病牛也可通过饮水系统将病原体传给健康牛，从而引发呼吸系统、消化系统疾病。在饮水中加入适量的消毒药物可以杀死水中带有的病原体，这就是饮水消毒。使用水槽的养殖场要经常换水，保持清洁；食槽和水槽混用时，每次喂饮前，要将食槽内剩余的饲料残渣打扫清除干净；饮水系统包括水槽、蓄水池、输水管网等，要定期检修、清洗、消毒。

常见的消毒方法有化学方法和物理方法。化学方法包括氯消毒、二氧化氯消毒和臭氧消毒，临床上常见的饮水消毒剂多为氯制剂、碘制剂和复合季铵盐类等；饮用水中有毒副产物往往就是来自化学消毒，存在一定程度的不安全性。物理方法目前应用最广泛的是紫外线消毒。井水消毒加氯量按 1.0 mg/L，比较浑浊的水在消毒前可用明矾澄清，日晒 2 h 后饮用。

（七）粪便的消毒处理

1. 消毒药物选择 粪便含有大量病菌及虫卵，是各种传染病与寄生虫病发生的主要原因。各牦牛养殖场必须远离场区、位于主导风向的下风向或侧风向处建有贮粪场地。贮粪场必须采取有效的防渗工艺，以防止粪便污染地下水。所有牛场均使用干清粪工艺，饲养员要及时将粪单独清除，不可与尿、污水混合处理。粪便要运往贮粪池，统一在水泥池内堆积发酵以杀死病原菌和蛔虫卵，实现无害化后利用。贮粪场周围也要定期消毒，可用 2% 氢氧化钠或生石灰消毒。

2. 消毒方法 粪便常用的消毒方法有：①堆积发酵：粪便内往往含有大量的病原微生物和寄生虫虫卵，处理好坏不仅关系牛场的卫生状况，更重要的是处理不好会造成大量蚊蝇滋生，病原微生物和虫卵散播，导致疫病传播蔓延。为防止粪便、垃圾污染环境和传播疫病，必须认真对牛的粪便、垃圾、污水进行无害化处理。应用粪便、垃圾堆积发酵时产生的生物热杀灭病原微生物和虫卵，且不丧失肥料的使用价值。②掩埋法：将粪便与漂白粉或新鲜生石灰混合，然后深埋地下，深度 2 m 左右。③焚烧法：只限于患烈性传染病的牦牛粪便。

（八）尸体的消毒

所有牦牛场病、残、死牦牛必须及时处理，禁止转移、屠宰、销售、食用；严禁随意丢弃，必须进行无害化处理，注意尸体不能进入沼气池。同时随即对运送尸体的车辆、所经道路及其原来所在的圈舍、隔离饲养区等场所进行彻底消毒，防止疫病蔓延。

1. 焚烧法 是销毁尸体、消灭病原体最彻底的方法，常用于因非烈性传染病而死亡的尸体。

2. 高温发酵法　该方法必须设置两个以上的混凝土结构的安全填埋井（化尸池），将尸体投入井内，覆一层厚度大于 10 cm 的熟石灰，井填满后，须用土填埋压实，井口盖封木盖，经 3～5 个月发酵后，即可完全腐败分解。

3. 土埋法　尸体先用 5‰漂白粉上清液喷雾消毒 1 h 后，装入塑料袋，掩埋于远离居住地和水源 50 m 外。坑深要达 2 m 以上，在坑底和动物尸体上层应用漂白粉按 20～40 g/m³ 处理后覆土掩埋压实，最后设立警示牌，规定时限内严禁挖开。

第二节　疫苗使用技术

动物疫苗是为了预防、控制传染病的发生和流行，用于动物预防接种的预防性生物制品，其目的是使动物个体和群体产生对传染病的特异性免疫力。根据免疫接种的时机不同，可分为预防接种和紧急接种两类。预防接种是为了预防某些传染病的发生和流行，在传染病发生和流行之前有组织、有计划地按一定的程序给健康动物开展的免疫活动。紧急接种是在发生传染病时，为了迅速控制或扑灭传染病流行而对疫区和受威胁区尚未发病的动物进行的应急性免疫接种。

一、疫苗的种类

疫苗有不同种类，具体选择哪种疫苗与疾病种类、病原特征、疾病流行现状、市场获取的难易程度、价格，以及饲养模式等有关。

（一）灭活疫苗

灭活疫苗是通过加热或灭活剂处理等理化方法将病原微生物灭活制备而成的"死"疫苗。由于去除了病原微生物的致病能力，所以其安全性高。但同时部分抗原成分也被破坏导致免疫原性降低，且接种动物后病原不能在体内增殖，因此灭活疫苗不能产生强烈和持久的免疫反应，通常需要多次接种才能产生足够强的免疫反应，并维持一定时间的免疫力。此外，灭活疫苗刺激机体产生的免疫反应以体液免疫为主，表现为一定的抗体滴度。

（二）弱毒疫苗

弱毒疫苗是指通过人工致弱或自然筛选得到的一种致病力减弱，但仍然具有良好免疫原性的病原微生物制备的活疫苗。弱毒菌苗接种动物后，病原微生物能在体内增殖并存活较长时间，既可刺激机体产生体液免疫，也可刺激机体的细胞免疫，机体可获得持久且坚强的免疫力。弱毒疫苗的接种方式多样，包括滴鼻、点眼、口服、皮下或肌内注射等。弱毒疫苗的缺点是具有残余毒力，同时存在毒力返强的风险。

（三）亚单位疫苗

亚单位疫苗指通过物理或化学方法去除病原微生物的有害成分，但保留其主要的保护性免疫原组分而制成的疫苗；或利用基因工程技术表达病原微生物的保护性免疫原组分制成的疫苗。

（四）基因缺失疫苗

基因缺失疫苗指利用基因工程技术缺失与毒力相关的基因（和/或缺失复制和增殖非必需的基因）而获得的病原微生物制备的活疫苗。这类疫苗是新型疫苗的发展方向，具有传统弱毒疫苗的优点如无致病性，具有体内增殖能力和良好免疫原性等。同时，所缺失的基因及其编码产物可作为区别疫苗免疫与自然感染的鉴别诊断标识。在缺失毒力基因的基础上，缺失免疫抑制基因的多基因缺失基因工程疫苗可望获得比传统弱毒疫苗更好的免疫保护效果。但市场上这类产品很少。

（五）合成肽疫苗

合成肽是一种应用人工方法设计和合成或以基因工程技术制备的仅含免疫决定簇组分的多肽疫苗。用作疫苗的多肽含有免疫优势决定簇，通常包含一个或多个 B 细胞抗原表位和 T 细胞抗原表位，进入机体后能产生保护性免疫。合成肽疫苗不含病原微生物的核酸，安全性高；性质稳定，成分简单，不易产生过敏反应，对动物的副作用小，可进行鉴别诊断；同时可根据流行菌、毒株抗原性的改变适时调整多肽抗原表位的特征，在较短时间内获得与流行菌、毒株匹配的新型疫苗。目前市场上广泛应用的有口蹄疫合成肽疫苗。

二、牦牛疫苗选择的原则

免疫接种对牛体来说是一种应激性刺激，疫苗接种后所诱导的免疫反应包括抗原提呈、特定免疫细胞增殖、抗体或细胞因子等一系列防御相关分子的合成和分泌等，是一种能量消耗过程。在有效预防疾病的前提下，合理使用疫苗应遵循的基本原则为：正确选用疫苗，合理接种程序，免疫监测评估，综合防控配套。

（一）正确选用疫苗

针对传染病流行情况与传入风险，选择合适的疫苗。首先要了解该养殖场和本地区主要流行的传染病和病原体的血清型，了解途径包括平时的送样检测、以往的流行历史、周围场的流行状况、当地畜牧兽医部门的疫情报告等。选择的疫苗应针对该养殖场曾流行的和本场虽未流行但本地区流行可能传入本场的传染病。从外地引牦牛时，应事先调查牛源地的疫情情况，从无疫情的地区引入牛，防止将新疫情引入本场和本地。对于同一种病的疫苗，有时还要选择与流行菌/毒株匹配的血清型，如口蹄疫疫苗，在我国流行的血清型有 A 型和 O 型两个型。同时，免疫接种还应与国家重大疫病防控政策相适应。

（二）合理接种程序

疫苗接种后需要一定时间才能产生明显的免疫反应，部分疫苗在初次免疫后还需要加强免疫 1～2 次才能产生足够强度的免疫，并维持较长时间的免疫反应。不同疫苗的接种一般要间隔 20 d 左右，同时免疫可能导致疫苗间的干扰。因此，在选定疫苗后，要制订一个合理的免疫程序。

（三）免疫监测评估

牦牛疫苗免疫后，需要采血检测免疫效果（一般检测抗体）。免疫监测和评估可以评价群体的免疫合格率，以便及时对免疫失败动物进行补免；可以对疫苗质量进行评估；可以协助评价牛群状况，免疫失败时，除考虑疫苗质量外，还应考虑牛群可能感染其他免疫抑制性病原，一定要确保免疫合格率达标。

（四）综合防控配套

疫苗接种是预防传染病的主要手段，可以减轻疫病流行的严重程度，但不能阻止强毒力菌/毒株感染。因此，在传染病流行季节，在成功免疫的前提下，做好配套的生物安全防护措施非常必要，如均衡日粮、严格消毒、新引入牛隔离观察、牛病科学防治、粪污无害化处理等。

三、疫苗使用及注意事项

（一）疫苗选购

选购疫苗时，应关注疫苗标签。疫苗标签分外标签和内标签两种，外标签直接印刷或贴于疫苗瓶外表面，内标签通常位于说明书后。疫苗标签内容应明示生产批号、生产日期、规格型号、疫苗使用方法，以及保存方法等。

（二）运输与保藏

疫苗的运输和保藏应符合《良好的药品供应规范》的要求。疫苗保存和运输时的温度以不超过 8 ℃为宜，避免阳光照射。疫苗选购回来后应及时使用，若不能及时使用，可按标签说明妥善保存。通常弱毒活苗须冷冻保存，灭活苗于 2～8 ℃保存，不得冻结。

（三）稀释方法、注射剂量及方法

合理选用稀释液。用于注射的活苗一般配备专用稀释液。若稀释液无特殊要求，可用生理盐水作稀释液。疫苗稀释后应充分摇匀。疫苗开封后尽快用完，灭活苗开封后需 12 h 内用完，最长不超过 24 h。活苗稀释后要放在冷暗处，宜在 2 h 内用完，最好不要超过 48 h。疫苗空瓶、剩余疫苗及器械要严格消毒处理，不得随意丢弃。疫苗使用剂量需按照疫苗使用说明书的规定进行；接种方法包括肌内注射、皮下注射等；具体接种途径的确定与疫苗种类、疫苗残余毒力、疫苗稳定性等因素有关。

（四）免疫前的准备

1. 牛群状态观察　待免疫牦牛应该健康无病。体弱、发病、处于疫病潜伏期的牦牛暂时不宜接种。观察牦牛群的健康状况，健康牦牛的鼻镜应该是湿润的，体温正常，不发热，精神食欲良好，大便形态颜色正常，无腹泻和咳嗽症状，消化系统健康。

2. 注射器械准备　注射针头大小和长短应适中。针头及器械可用高压蒸汽灭菌法或煮沸法进行严格消毒，或使用正规厂家生产的一次性用具。吸取疫苗时应使用专用针头，不能使用注射过疫苗的针头吸取疫苗，以防污染疫苗。

（五）疫苗接种过程中的技术要点

（1）注射部位应选用 75％酒精或 5％碘酊消毒。

（2）接种疫苗时要做到对注射针头进行消毒，免疫注射时应做到一头一针，以防互相感染。严格按照规定剂量注射，疫苗注射时要充分摇匀。

（3）使用菌苗前 7 d 和后 10 d 内禁止注射或饲喂任何抗菌药物（如磺胺类药物）。

（4）使用病毒苗前后 7 d 内不得使用抗病毒药、干扰素及免疫抑制剂（如地塞米松）。使用疫苗时，可饲喂免疫增强剂，如左旋咪唑、维生素 A、维生素 C、维生素 E 等。

（5）注射疫苗后可能有少量动物出现减食或体温升高反应，一般 1～2 d即可恢复。

（6）为了防止疫苗所致过敏反应的发生，应准备一些抗过敏药，如盐酸肾上腺素、盐酸异丙嗪和地塞米松等。当动物出现最急性型过敏反应时，使用抗过敏药按规范剂量治疗。

（7）妊娠后期母牦牛应慎用或不用反应较强的疫苗。

（8）当某地区发生疫病流行时，可实行紧急免疫接种，其接种顺序应先从安全区再到受威胁区，最后到疫区。疫区应先从假定健康牦牛群到可疑感染牦牛群。

（9）潜伏感染牦牛可能在疫苗接种后发病，应立即进行隔离观察，如果出现严重患病症状，则需要按规定治疗。发生重大疫病时，则应按照相关法律法规处理。

（10）对使用过的疫苗空瓶、剩余疫苗及器械应严格消毒处理，不得随意丢弃，以免污染场地和牦牛舍。

（六）建立免疫档案

疫苗接种要建立接种档案，详细记录每头牦牛的品种、日龄、接种时间、性别、数量，疫苗种类、生产厂家、批号、用量等，以便更好地按接种程序进行免疫接种。

（七）牦牛参考免疫程序

免疫程序是指为一定地区特定动物群体制订的免疫接种计划，包括接种疫苗的类型、顺序、时间、次数、方法、时间间隔等规程和次序。建立科学的免疫程序，是预防和控制各种动物传染性疾病的重要措施。制订牦牛免疫程序时应充分考虑当地疫病的流行情况、品种、年龄，母源抗体水平，饲养模式和饲养管理水平，以及使用疫苗的种类、性质、免疫途径等方面的因素。免疫程序的好坏可根据牦牛的生产力和疫病发生情况来进行后评价，免疫监测是制订和完善一个合理免疫程序的参考依据。

表 16 - 1 为犊牛和青年牦牛的免疫程序，表 16 - 2 为成年牦牛的免疫程序，仅供参考。

表 16 - 1　犊牛和青年牦牛的免疫程序

月　龄	疫苗种类	免疫途径	备注
1	牛副伤寒灭活疫苗	皮下注射/肌内注射	免疫期 6 个月 流行地区可以对 2～10 日龄的犊牛首次免疫
	牛气肿疽灭活疫苗	皮下注射/肌内注射	免疫期 1 年 注意母源抗体干扰
	牛传染性鼻气管炎疫苗	肌内注射	出生后 2～5 周龄、5～6 月龄接种
	牛病毒性腹泻疫苗	肌内注射	出生后 2～5 周龄、5～6 月龄接种
2	牛出血性败血症灭活疫苗	皮下注射/肌内注射	免疫期 9 个月
	Ⅱ号炭疽芽孢苗（或无毒炭疽芽孢苗）	皮下注射/肌内注射	免疫期 1 年
3	口蹄疫 O、A 二价灭活疫苗	皮下注射/肌内注射	90 日龄左右首次免疫，免疫剂量是成年牦牛的一半。间隔 1 个月后进行一次强化免疫，以后每隔 4～6 个月免疫一次。注意选择与流行毒株匹配的血清型疫苗
	牛衣原体疫苗	皮下注射/肌内注射	注意母源抗体干扰

（续）

月　龄	疫苗种类	免疫途径	备注
6	梭菌多联灭活疫苗	皮下注射/肌内注射	免疫期 6 个月
7	布鲁氏菌病弱毒疫苗	皮下注射	青年母牛 6~8 月龄首次免疫，初次配种前再加强免疫一次
12	牛出血性败血症灭活疫苗	皮下注射/肌内注射	免疫期 9 个月
	Ⅱ号炭疽芽孢苗（或无毒炭疽芽孢苗）	皮下注射/肌内注射	免疫期 1 年

表 16-2　成年牦牛的免疫程序

免疫时间	疫苗种类	免疫途径	备注
每年 3、4 月和 9、10 月	口蹄疫 O、A 二价灭活疫苗	皮下注射/肌内注射	免疫期 6 个月，春秋两季对所有牛进行一次集中免疫，每月定期补充免疫选择与流行毒株匹配的血清型疫苗
母牛配种前	牛传染性鼻气管炎疫苗	肌内注射	初产母牛在配种前 1~3 个月（10~14 月龄）接种；经产母牛产后或配种前 20~50 d 接种
	牛病毒性腹泻疫苗		
	布鲁氏菌病弱毒疫苗	口服/皮下注射/肌内注射	配种前 20~50 d 接种
	牛出血性败血症灭活疫苗	皮下注射/肌内注射	免疫期 9 个月
	牛衣原体灭活疫苗	皮下注射/肌内注射	配种前 1 个月接种
产前	犊牛副伤寒疫苗	皮下注射/肌内注射	分娩前 4 周接种
	梭菌多联灭活疫苗	皮下注射/肌内注射	分娩前 4~6 周接种

参 考 文 献

阿秀兰，张新慧，达瓦洛桑，等，2010. 采用 CUE-MATE 和羊乐＋D-PG 法诱导当雄牦牛同期发情的效果观察 [J]. 黑龙江动物繁殖，18（3）：11，15.

巴桑旺堆，胡萍，朱彦滨，等，2018. 牦牛舍饲与半舍饲养殖的现状概况 [J]. 农业与技术，38（9）：116-117.

鲍宇红，曲广鹏，冯柯，等，2015. 西藏农区牦牛舍饲与半舍饲育肥技术 [J]. 安徽农业科学，43（10）：152-153.

蔡立，1980. 用"促排卵素 2 号"（LRH-A）提早牦牛产后发情受胎的效果 [J]. 中国畜牧杂志（6）：18-20.

曹成章，赵炳尧，1993. 牦牛同期发情初步试验结果 [J]. 中国牦牛（1）：41-42，44.

陈孝德，2009. 幼年牦牛出栏时间对其生产性能的影响 [J]. 中国畜牧兽医，36（1）：136-137.

戴东文，王书祥，王迅，等，2020. 冷季精料补饲水平对牦牛生长性能和血清生化指标的影响 [J]. 饲料研究，43（9）：1-3.

德科加，2004. 营养舔砖对冷季放牧牦牛、藏羊的补饲效果 [J]. 青海畜牧兽医杂志，34（1）：9-10.

邓银花，2017. 牦牛高效养殖技术——犊牛早期断奶 [J]. 中国畜牧兽医文摘，33（20）：78.

丁考仁青，石红梅，李鹏霞，等，2020. 甘南牦牛不同杂交组合生产性能分析 [J]. 中国牛业科学，46（5）：11-14.

樊凤霞，马进寿，2019. 牦牛人工授精应用现状及对策 [J]. 畜牧兽医科学（电子版）（6）：75-76.

冯宇哲，刘书杰，王万邦，等，2008. 高寒地区放牧牦牛补饲尿素糖蜜营养舔块效果研究 [J]. 中国草食动物，28（3）：40-42.

关淑兰，2007. 牛的发情周期特点及发情鉴定 [J]. 农村实用科技信息（8）：15.

郭宪，胡俊杰，阎萍，2018. 牦牛科学养殖与疾病防治 [M]. 北京：中国农业出版社.

郭宪，裴杰，包鹏甲，2019. 牦牛高效繁殖技术 [M]. 北京：中国农业出版社.

国家畜禽遗传资源委员会，2011. 中国畜禽遗传资源志·牛志 [M]. 北京：中国农业出版社.

韩芬霞，陈春刚，2016. 家畜繁殖员 [M]. 北京：化学工业出版社.

韩凤奎，2017. 畜禽繁殖生产流程 [M]. 北京：中国农业大学出版社.

胡安别克·阿布都哈斯木，2021. 牛同期发情技术 [J]. 畜牧兽医科技信息（5）：111-112.

刘培培，2017. 早期断奶措施对母牦牛和犊牦牛的影响 [D]. 兰州：兰州大学.

《中国牦牛学》编写委员会，1989. 中国牦牛学 [M]. 成都：四川科学技术出版社.

权凯，2004. 牦牛超数排卵技术研究 ［D］. 兰州：甘肃农业大学.

苟钰姣，郝力壮，艾德强，等，2021. 家庭牧场牦牛舍饲育肥模式及经济效益分析 ［J］. 青海畜牧兽医杂志，51（4）：45-48.

黄安华，1987. 新疆褐牛的选种选配 ［J］. 新疆畜牧业（3）：10-15.

刘春明，张云红，刘春峰，等，2013. 牛发情鉴定的方法 ［J］. 养殖技术顾问（12）：40.

刘俊平，刘凤军，王勇胜，等，2007. 胚胎移植受体牛同期发情控制的研究 ［J］. 黑龙江畜牧兽医（10）：29-32.

刘培培，张娇娇，刘书杰，等，2016. 早期断奶对青海湖地区放牧牦牛和犊牛血液生理指标的影响 ［J］. 中国畜牧杂志，52（19）：79-84.

刘志尧，帅蔚文，赵光前，等，1985. 应用三合激素诱导牦牛同期发情试验初报 ［J］. 中国牦牛（2）：24-27，43.

罗海青，2017. 农区牦牛舍饲与半舍饲育肥技术 ［J］. 中国畜牧兽医文摘，33（7）：96.

马登录，杨勤，石红梅，等，2014. 牦牛错峰出栏肥育试验报告 ［J］. 中国牛业科学，40（1）：21-22，26.

马国军，马进寿，2019. 育肥牦牛高效饲养管理技术 ［J］. 畜牧兽医科学（电子版）（5）：95-96.

马天福，1983. 母牦牛药物催情试验初报 ［J］. 中国牦牛（2）：16-18.

牟永娟，郭淑珍，包永清，等，2019. 冷季补饲和犊牛早期断奶对甘南牦牛生长发育和繁殖性能的影响 ［J］. 畜牧兽医杂志，38（6）：11-13.

祁红霞，2006. 尿素糖浆营养舔砖对放牧牦牛和藏羊的补饲效果 ［J］. 当代畜牧（12）：27-28.

邵学芬，董正勖，向必勇，等，2021. 短角牛选配分群技术及其应用效果 ［J］. 云南畜牧兽医（5）：19-22.

石红梅，丁考仁青，杨勤，等，2013. 甘南牦牛一年一产试验 ［J］. 中国牛业科学，39（6）：35-37.

太光品，2018. 牛繁殖中同期发情技术的应用 ［J］. 中国畜牧兽医文摘，34（6）：149.

王万邦，刘书杰，薛白，等，1997. 舔食复合尿素砖对冬春期放牧牦牛、藏羊的饲喂试验 ［J］. 饲料工业（2）：30-31.

王应安，张寿，尚海忠，等，2003. 诱导牦牛同期发情试验 ［J］. 青海大学学报：自然科学版，21（4）：1-4.

武甫德，冯延花，2005. 牦犊牛适时断奶、出栏，提高牦牛生产力 ［J］. 黑龙江畜牧兽医（4）：25-26.

许春喜，马进寿，2020. 育肥牦牛高效饲养管理技术 ［J］. 畜牧兽医科学（电子版）（14）：34-35.

徐尚荣，彭巍，林永明，等，2011. 补饲与犊牛断乳对产后母牦牛发情周期恢复的影响研究 ［J］. 青海畜牧兽医杂志，41（2）：8-9.

钟金城，1990. 牛选种方法的演变和比较 ［J］. 西南民族学院学报：自然科学版，16（3）：87-90.

图书在版编目（CIP）数据

牦牛养殖实用技术手册 / 郭宪，裴杰，包鹏甲主编
. —北京：中国农业出版社，2022.11
　　ISBN 978 - 7 - 109 - 30270 - 9

　　Ⅰ.①牦…　Ⅱ.①郭…②裴…③包…　Ⅲ.①牦牛－
饲养管理－手册　Ⅳ.①S823.8 - 62

中国版本图书馆 CIP 数据核字（2022）第 223770 号

中国农业出版社出版

地址：北京市朝阳区麦子店街 18 号楼
邮编：100125
责任编辑：张艳晶
版式设计：杨　婧　　责任校对：吴丽婷
印刷：北京通州皇家印刷厂
版次：2022 年 11 月第 1 版
印次：2022 年 11 月北京第 1 次印刷
发行：新华书店北京发行所
开本：720mm×960mm　1/16
印张：11.75　　插页：8
字数：230 千字
定价：65.00 元

大通牦牛（公牛）

阿什旦牦牛（公牛）

甘南牦牛（公牛）

天祝白牦牛（公牛）

玉树牦牛（公牛）

中甸牦牛（公牛）

娘亚牦牛（公牛）　　　　　　　　　　帕里牦牛（公牛）

甘南牦牛（公牛）　　　　　　　　　　中甸牦牛（公牛，杂色）

帕米尔牦牛（公牛，杂色）　　　　　　帕米尔牦牛（公牛，纯黑色）

野牦牛公牛（侧面）　　　　　　　　　野牦牛公牛（头部）

半血野牦牛公牛（侧面）　　　　　　　半血野牦牛公牛（正面）

半血野牦牛公牛（臀部）　　　　　　　甘南牦牛（公牛）

长毛型白牦牛（公牛）

准备角斗的甘南牦牛公牛

种公牛采精

牦牛发情期

繁殖季节公牦牛

补饲舔砖

甘南牦牛（公牛与母牛）

牦牛角斗牛

甘南牦牛（母牛）

甘南牦牛（母牛）

长毛型白牦牛（母牛）

中甸牦牛（繁殖母牛）

中甸牦牛（母牛）

甘南牦牛（母牛）

斯布牦牛（母牛）

天祝白牦牛群体

能繁母牛群

长毛型牦牛（母牛）

阿什旦牦牛核心群

大通牦牛核心群

甘南牦牛能繁母牛群

中甸牦牛群体

牦牛卧息

母牦牛产后舔犊

牦牛双胎（1月龄）

牦牛双胎（3月龄）

犊牛哺乳

母犊拴系后哺乳

牦牛带犊（自然哺乳）

长毛型牦牛（母带犊）

中甸牦牛母带犊

甘南牦牛犊牛

放牧中的带犊繁育群

拴系中的牦牛

拴系中的牦牛犊

牧道牦牛转场

牦牛归牧

夏季放牧牦牛群自由饮水

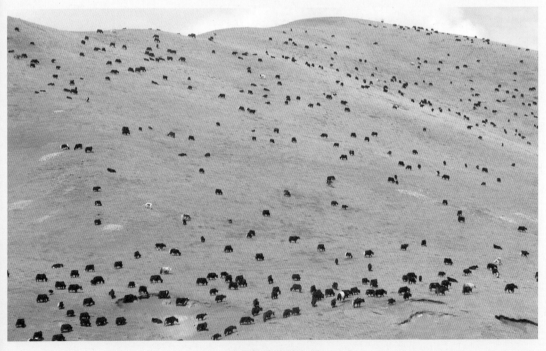

枯草期放牧牦牛群

冬季放牧牦牛群自由饮水

冬季放牧牦牛群

青草期放牧牦牛群

娟犏牛 F₁（娟姗牛♂×牦牛♀）

安犏牛 F₁（安格斯牛♂×牦牛♀）

安犏牛 F₂（安格斯牛♂×犏牛♀）

牦牛带犊（红安格斯牛♂×牦牛♀）

犏牛生产群（放牧）

犏牛生产群（舍饲）

断乳牦牛犊牛补饲（4月龄）

裹包青贮

骑牦牛叼羊

牦牛挤乳

娟犏牛挤乳

冷季舍饲补饲

牦牛育肥

标准化牦牛舍

牦牛巷道

牦牛帐篷

牦牛粪饼

牦牛粪堆

牦牛采精架

牦牛肉

牦牛酥油

牦牛酸奶